Beneath the Surface

Killer Whales, SeaWorld, and the Truth Beyond Blackfish

深海之下

虎鲸，海洋世界以及黑鲸背后的真相

〔美〕约翰·哈格罗夫
（John Hargrove）

〔美〕霍华德·卓恩
（Howard Chua-Eoan）

著

冷全宝

译

华中科技大学出版社

http://www.hustp.com

中国·武汉

_海洋世界加州分馆，演出中的我和考基
[来源：梅丽莎·哈格罗夫]

__海洋世界加州分馆，演出中的我和卡萨特卡
[来源：梅丽莎·哈格罗夫]

__海洋世界加州分馆，演出中的我和考基

[来源：梅丽莎·哈格罗夫]

__海洋世界加州分馆，与考基一起表演"站式浮窥"
[来源：梅丽莎·哈格罗夫]

_海洋世界加州分馆，与考基一起表演"火箭跃"
[来源：梅丽莎·哈格罗夫]

__海洋世界加州分馆，与考基一起表演骑鲸动作
[来源：梅丽莎·哈格罗夫]

献给所有我有幸结识并结伴遨游数年的虎鲸们

——我的一切都是你们给予的。

我最想献给你，塔卡拉，

你教会我如此之多，

而我爱你尤为深沉。

序 1

本书首次出版于2015年3月，彼时，我与海洋世界及其通过圈养虎鲸营利的商业模式之间的斗争才刚刚开始。长时间担任高级虎鲸驯养员后，我成为了试图终止虎鲸圈养行为的一员。2013年1月，纪录片《黑鲸》在圣丹斯电影节首映后，海洋世界开始受到公众指责。本书广受好评，取得了重大成功，又引发了公众对海洋世界新一轮的谴责。

我与一同共事的活动家们都获得了巨大胜利，重创了海洋世界最为关心的利润。截至2017年底，其公司股票跌至历史谷底，当年净亏损高达2.024亿美元，2018年仅第一季度，又持续亏损6280万美元。2017 年，其游乐场（是的，所谓海洋世界本质上不过是游乐场）游客数相较上一年减少了 120 万人次。2018 年 7 月，总部位于英国的旅行公司巨头托马斯库克旅行社宣布，他们将停售前往海洋世界美国各园区和其位于西班牙特内里费岛的子公司鹦鹉公园的度假套餐，因为在为期 18 个月的严格审查中，他们发现海洋公园违反了公司的动物保护政策。消息一经发出，海洋世界再遭重击。

与此同时，海洋世界还因欺诈行为，正接受美国证券交易委员会（SEC）的调查——他们告诉股东反圈养运动对公司的根基毫无影响，但公司内部邮件证明了高层之间存在共谋行为，多名副主席和执行总裁都对社会争议所造成的巨大负面影响知情，还共商如何以谎言应对。随后，2018 年 9 月，美国证交会的裁决登上了世界各地的新闻头条。证交会称，海洋世界及其前任 CEO 吉姆·艾奇逊（Jim Atchison）"在监管文件、业绩报告和财报会议中做了不实及误导性的陈述或遗漏"。海洋世界答应支付 400 万美元的罚金。艾奇逊答应缴纳逾 100 万美元的罚款和补缴款项。前公关副主席弗莱德·D. 雅各布（Fred D. Jacobs）也答应支付 10 万美元，以免于因误导投资者而受到的欺诈控诉。更为严重的是，美国司法部出于同样的原因，对该公司进行了起诉——这一次，是刑事起诉。

在加利福尼亚，也就是海洋世界圣迭戈分馆的所在地，我们迎来了历史性的立法——《加州虎鲸保护法案》。该法案最初被称为 AB2140，2016 年 4 月，我曾以专家身份，在加州州议会前，为这一法案第二次发表证言。我们以 12 ：1 的投票结果大败海洋世界。短短数月后，加州州长便签署了法案，使其成为法律。海洋世界在加州圈养的虎鲸数量最多，而法律强制要求海洋世界终止其繁育项目，包括人工授精时使用的非人道方法。故而，海洋世界无法继续向其他公司输出圈养虎鲸或它们的遗传物质，而那些位于中东和亚洲的公司，原计划是要用圈养虎鲸来打造自己的海洋世界公园。

终止繁育项目能确保终结虎鲸圈养生活里不道德的那一部分。同时，对那些已被圈养的虎鲸来说，该项目的终止，也叫停了强行将母鲸与幼鲸分离的这一违背自然和人道的野蛮做法，这种做法曾导致它们行为上表现出严重且持续数年的情感创伤。

法国曾通过一项开创性的法律——禁止所有的虎鲸和鲸类的圈养及繁育行为，却因技术性细则被撤销。如今，复立这一法律的运动再度兴起。目前，法国和海洋世界都还拥有虎鲸，虎鲸的生活条件依然和你们在本书中读到的一样。我与这些美丽的哺乳动物共事过多年，知道它们仍在囹圄之中，我的心情实在难以言说。这本书首印于 2015 年 3 月，而这期间它们又遭受了无数可怕的事故。不过，在我讲述它们的命运之前，接下来的章节会向你展示虎鲸的故事，告诉你我为何如此深爱它们并愿意为之继续奋斗。

John Hargrove

2018 年 9 月

序 2

弗蕾娅（Freya）拒绝执行我发出的每一个指令。它并非不明白指令，只是单纯地不愿合作，甚至也不想要我手中拎着的小鱼。它用头顶我的身体，用吻部推着我向前。自始至终，它的嘴巴一直紧紧闭着，只是用它那近7000磅重的身体推着我向水池的中央、向着远离安全边界的地方，前进。

我扔掉手中的小鱼，任由这本会成为它奖赏的食物沉入池底。然后，我试着用空出的双手和身体使自己转向，以和弗蕾娅拉开距离，但全然无效。它就像一位技艺娴熟的足球运动员，完美地对抗着我的每一个动作——而我则成了它这场驾轻就熟的游戏中的那粒

"足球"。它的嘴唇紧闭，吻部——头前的尖端——像一只大型的鸟喙，推我向着它想去的地方，向着水池的中央，向着远离池岸和有其他驯鲸师援手的地方前进。突然，与我一个擦身后，它打着筋斗翻到水下，消失在我的视线里。

然而仅仅几秒过后，它又从水下游了上来，动作缓慢却明显带着故意的成分，侧身撞击我身体左侧。它先是用胸膛贴近我，然后用肚子、外阴、鲸叶和它大大的尾鳍擦过我。擦身过后，它又突然停住，将右侧的鲸叶沉入水中，左侧伸出水面。鲸叶离我的脑袋只有一两英尺[1]远，它要用鲸叶撞我的脸吗？倘若如此，凭它的力量和体重，能轻而易举地撞碎我的脖子，将我置于死地。但它似乎决定要多戏弄我一会儿，它用脸对着我，在我的四周盘旋，蓝色的眼睛似要瞪裂，眼珠似乎都要突出眼眶，眼中闪烁着凶狠的光芒。

我佯装镇定，但心里却十分明白，弗蕾娅听觉敏锐，我突突的心跳声恐怕早已被它听在耳里。它依旧拒绝执行我的指令，岸边的驯鲸师打开的五音节水下紧急音也不再起作用，我感到全身的血液都在血管中沸腾。它准备冲锋了——我的命运已完全由它掌控。我急切地希望它的脑中还剩有一点与我、与其他驯鲸师们合作的意识，但这一次，它绝非在演戏。它双

[1]　1 英尺 ≈ 0.3 米。

眦似裂，眼神绝望，蓝色的虹膜上布满了红色的血丝，背上的肌肉紧绷着，嘴里不断发出声响——我听得出，这正是攻击前的呼号。

冲至我身前3英尺的地方时，它再次沉入水中。水体混浊，但因游水日久，我仍然能从自己漂浮的地方辨认出它的位置。我死死地盯住它的眼睛。水下，它的眼睛里依旧充满绝望。

我明白，暴风雨要来了。我尽力保持冷静，向岸上离得最近的一位驯鲸师喊道："快叫医护。"

正在这时，一股强大的吸力把我朝水下拉去。弗蕾娅已翻过身来，张开它的血盆大口，向我冲了过来。水下真空把我紧紧地吸住。它咬住我的臀部，透过潜水服，我能感到臀骨上的强大压力，我的整个身体中部似乎都要被它吞进嘴里。我就像是一节被狗衔住的脆嫩的树枝，只要它的力气稍一用错，我就会粉身碎骨。要知道，世界上已知捕获过的最重的大白鲨体重约为5085磅，而弗蕾娅比它还足足重上约1000磅。

它把我拉到水下，却并没想要用牙齿咬穿我。它松开了压在我身上的森森白牙，我又浮到水上，与它相对而视，并把双手撑在它身上。但是它再次回到了水下，翻过身来，然后冲向我，用牙齿咬住我，将我往水下拖，接着，它又松了口，任由我上浮。我知道它一定会重复这个过程，以前每当有鸟儿降到池面上时，群鲸都会如此戏弄它们，现在该轮到驯鲸师了。它一定会再冲过来，把我一次又一次地拖到水下，直到我被溺得不省人事为止。不过，我还未放弃生的希望。

我浮在水上，竭力保持冷静，呼叫岸边的一位驯鲸师再次拉响紧急音。这种五音节声音本是为紧急情况而设的，声音发出后，群鲸就会停止所有动作，离开水中的驯鲸师，向岸边靠拢，然后全神贯注地望着岸上的驯鲸师，把下颌搭在岸边，等待下一组指令。弗蕾娅虽然无视了第一次紧急音，但这一次，它听从了。我示意岸边的驯鲸师准备使用口哨，同时把手放入水中。接着，我又让她准备一桶鱼在身边，一旦弗蕾娅响应了指令，就立刻奖励它。这样的奖励程式群鲸再熟悉不过：哨声是奖励的先兆，而驯鲸师放进水里的那只手是一个它们必须注意的象征。这一次，弗蕾娅接下了小鱼。最终，它还是向奖励屈服了。

我望着它的双眼，它的眼球依旧突出，眼中闪着明显的攻击意味。尽管它身体向着岸边的驯鲸师游去，但视线从未离开过我。虎鲸的眼部肌肉非常灵活，不论它们朝哪个方向游动，眼睛都能向后或任一方向张望。

危险并未过去。弗蕾娅虽然接受了奖励，但尚未打算放过我。我知道，一旦我有任何向岸边游动的举动，它就会以惊人的速度，一瞬间冲向我，赶到我身边，再一次抓住我。它一定会因我逃跑的举动而大发雷霆，那时，它就不仅仅是戏弄我了。

　　我决定孤注一掷，呼叫岸边的驯鲸师，并指令弗蕾娅再次回到我身边。"什么？"她惊疑地叫道。我大声地重复了一遍。时间就是生命，倘若驯鲸师指挥的速度太慢，弗蕾娅依然处于被奖励的状态中，那么它会以为刚才所做的是有益之事，一定会再次回来攻击我。倘真如此，它的行为将很可能升级，我亦将无能为力，那时的后果我再明白不过。我游到水池中央，向它清楚地示意我并未有任何逃跑的打算。

　　弗蕾娅遵从了指令，向我游来。它的神态冷静，我指令它做出3个曾训练过的简单动作，它完美地完成了。然后，在我的指令下，正如在之前环节所学过的那样，它推着我穿过了水池。我的身体紧紧地贴在它的头下，双臂紧紧地抱住它的下颌，双脚则踏在它的胸鳍上。它推动我，向着岸边，向着拿着鱼桶的另一位驯鲸师游去。一到岸边，我出水上岸，就飞快地把所有的鱼——约15磅——都喂给了她，作为它合作的奖励和放过我的补偿，同时也作为它用胸鳍把我推回岸边的奖赏。整个事件虽持续了不到15分钟，但当我望向池中，望向那曾可能成为我27岁生命终点的地方，我的双膝仍忍不住打颤。

忧惧、惊叹，在与虎鲸相处的过程中，这两种心情我兼而有之。与弗蕾娅相处的这段惊险插曲已过去十多年，在那之前和之后，我还和其他的虎鲸有过不少交集，它们都同样地令人恐惧和惊叹。这些经历曾是我生活的期望，鲸是我人生的动力之源。

2012 年，当我的驯鲸生涯正式画上句号时，我已是这颗星球上经验最丰富的驯鲸师之一。1993 年，我 20 岁，以学徒的身份在海洋世界圣安东尼奥分馆[1]开始驯鲸生涯，两年后在圣迭戈分馆成为驯鲸师。2001 年到 2003 年，我曾到法国南部，短暂驯过一群从未与人类在水中合作过的鲸。之后五年，我怀着全部的热情转投了其他行业，直到 2008 年 3 月，我再度受聘于海洋世界圣安东尼奥分馆，回归驯鲸——这个我最爱的行业，我在那儿一直工作到 2012 年 8 月。

在多年的职业生涯里，我曾与 20 头鲸合作过，与其中的 17 头同游约二十载，它们中的大多数仍然健在。这些魅力非凡、复杂多变的生物让我疯狂，我甚至无法以"动物"来称呼它们，因为它们正如你我一样，它们是与我们同等的存在。在我的生命中，我同它们甚至比人类更为亲密。正如英格丽德·菲瑟博士对我说的："了解虎鲸的时候，只要把它想象成一

---

[1] 圣安东尼奥分馆亦称得克萨斯分馆，本书中这两个馆名均有使用，有时混用，但指代的是同一家分馆，特此说明。同理，圣迭戈分馆亦称加利福尼亚分馆，奥兰多分馆亦称佛罗里达分馆。

般人类即可。"她说，以这样的方式得到的结果通常都惊人地相似。

　　曾经，为成为一名驯鲸师，我努力健身，奋力达到自己体格的极限。与它们相处的每天，我都感到分外荣幸，我会永远珍惜这些回忆。这种感情，我想是几乎每一位海洋世界的顶级驯鲸师都有的吧！我们曾坚韧地献身于驯鲸工作与表演，坚定地相信自己的事业于它们最为有益。我们将自己的生活与鲸紧密交织，我们与鲸的情感甚至息息相通。我们运用行为心理学的科学理念，发明出一整套虽不完善但却十分严谨的交流模式，用一类特殊的语言，指挥它们在成千上万的观众面前表演。世界上没人敢放言懂鲸，唯有我们可以。这是一项伟大的特权，是鲸赋予我们的特权。每天，每只被圈养在这里的鲸都可以选择是让我们走进它们的内心，还是把我们拒之门外。

　　在海洋世界50多年的历史里，任一时期内，顶级的驯鲸师大概都不曾超过20人。我们就像一群相亲相爱的兄弟姐妹。我们彼此同处，相处的时间绝不短于与鲸相处的时间；我们也相互竞争，推动彼此的事业更上一个高峰；同时，我们也为着鲸的利益一起奋斗。我不是科学家，尽管本书会对鲸的演化历史，对它们的自然生活做浅显的探讨，但我将更多着眼于海洋世界驯鲸师眼里的虎鲸生活。我们曾与它们同游，曾照顾它们的身体，曾看护它们生育。望着它们痛苦，我们与它们同痛。我们直视它们的眼睛，窥见它们的灵魂，有时，那里满是欢欣，有时，那里是一片可怖。

2010年2月24日，多恩·布兰彻——我们这个小小家庭中技艺最精湛、经验最丰富的姐妹之一——在奥兰多被一头重约12000磅的雄性虎鲸提利库姆（Tilikum）杀害，那以后，海洋世界就禁止任何驯鲸师与鲸下水表演。这一可怖和可悲的事件是2013年名噪一时的纪录片《黑鲸》的讨论焦点。多恩死后，海洋世界立即要求三个分馆内所有的驯鲸师上岸，其中不仅有事件发生地佛罗里达分馆，还包括得克萨斯州圣安东尼奥分馆以及位于加利福尼亚州的圣迭戈分馆。不久，美国人民职场安全的"保护神"——职业安全与健康署，以违反安全条例为由传讯海洋世界，并警告海洋世界，今后要想避免处罚，驯鲸师和虎鲸就不得再像多恩与提利库姆那样近距离接触。职安署在2010年8月发出的传讯书认为，佛罗里达分馆"有意"违反安全条例，必须立即采取补救措施，"禁止驯鲸师与虎鲸一同工作……除非驯鲸师已接受物理防护，或已有甲板系统、供氧系统以及其他工程设备和管控条例的保护……"

要与鲸建立紧密联系，就必须与它们在水中同游，这也是虎鲸馆万众瞩目的中心所在。但2014年，在与职安署持续了四年的法庭争斗并主动将虎鲸馆内所有的驯鲸师撤到岸上之后，海洋世界最终被迫接受了"驯鲸师永不得从事水中工作"的规定。从此，所有的人鲸交流必须在池边的安全区域或池边的浅水区内完成。驯鲸师的双足从此被牢牢地锁在陆地上。

因此，和那些从此被禁足在陆地上的前同事们一样，我也许是最后一批曾与虎鲸在水中表演过的驯鲸师了。但这个颇具历史意义，看上去独一无二的称号，却让我心中五味杂陈。与鲸同游的那些日子，我很开心，鲸也一样，那些时光是它们无聊的被圈养生活里为数不多的点缀。但从更广阔的视角来看，我们都不过是以残酷盘剥鲸和人为基础的公司体制的一部分，这不禁让我心生忐忑。

海洋世界的市场战略从商业的角度出发，在表象上，把虎鲸变成了"海洋熊猫"，而全然未考虑过它们本身的复杂性以及圈养生活可能带给它们的种种影响。在他们的驯养和公关下，可怖的巨兽成了娱乐的噱头，成了一群让全家同乐的剧场演员。在这一切的背后，都是公司的运营思想在起作用：不讲感情，讲求实际，万事以经济收益为先。在这群管理者的眼里，虎鲸之所以会如此表演，完全是出于对驯鲸师指令的反应和重复行为后的心理强化。公司为驯鲸师制定的官方原则就是：禁止将虎鲸当人看，禁止施予它们任何感情。你可以喜爱它们，但喜爱不能成为妨碍工作的理由。它们不过是公司的账面资产，也许无可取代，但终究只是计算机里某个下拉列表中的一项而已。

但我坚持认为，在它们对指令的响应中，应有更伟大、更深刻的东西存在。每当望着它们的眼睛时，我能看到，那里有智慧的剪影，有情感的光辉。它们身上有一种专属于它们物种的神秘，一种似乎渐渐在望但又终不能及的思想，引人入胜但又深不可测。

如今，虎鲸于我而言只剩记忆。它们从一个个活生生的生命变成了我相簿中的一张张照片，变成了视频里的一帧帧镜头。2012年8月，在从事多年的危险工作后，身体的疼痛终于让我无法继续担任驯鲸的工作，我不得不从海洋世界辞职。但是，除了上述原因，我还有思想上的转变。自孩提时代，我就是海洋世界坚定的追随者，我沉迷在这以物种间互动所呈现的人与自然相谐的美丽里难以自拔，多年来参与鲸的生活，更是让我倍感欢欣。但是，我最终还是意识到，我对它们生活的占据，于它们而言是地狱。因为，囚笼的狱卒再有人性，也改变不了囚笼生活的事实。

而我的人类同事们更是让我心里五味杂陈。自我从海洋世界离职并公开声讨它开始，留任的同事们大多都远离了我。我明白他们的尴尬处境，也理解他们抛弃我的缘由。我也是在经过多年的挣扎之后才选择发声的，这并不容易。海洋世界体量庞大，所触及的权力部门众多，从法律界、政界到媒体界都有所涉及。面对着这样一头"庞然大物"，你会感到孤单和无助。当被一头发狂的鲸围困时，你尚能盯住它的眼睛，指望更正它的行为；但在海洋世界这里，你找不到可以窥见的灵魂。

现在，但凡还圈养着曾与我一同工作过的鲸的海洋公园，我都再也无法踏足，其中不仅包括海洋世界在美国的三家分馆，也包括海洋世界参与运营的西班牙鹦鹉公园，以及我曾工作过两年的那家法国海洋公园。这不仅是因为它们对待虎鲸的残酷方式让我不忍，还因为我和鲸在感情上已疏远，即使我踏进那里，我也无法再靠近它们了。曾经，无论是在身体还是灵魂深处，我都与它们如此亲近。在海洋世界现有的30头鲸中，有12头曾与我一同工作过，这12头中，有10头曾与我一同下过水。想到回到那儿，我像个游客一样望着它们奋力表演，而它们一副完全不记得我的样子，我的心就痛苦得难以承受。

曾经，如魔术一般，这儿实现了我的童年梦想，那一幕幕就像是从童话里走出的场景。但最后我才发现，原来这些场景只是童话的一部分，而那个更大的"童话"，无论是对我还是对鲸来说，都更像是一场噩梦。终于，我失去了这些鲸，它们不再是我生命的一部分，这令我心如刀绞。但随着时间的流逝，我为自己的心痛找到了新的出路。我会永远记得这些可爱的鲸，并与你们一同分享我曾经的快乐。我希望把自己的领悟告诉你们，这样，我们就能齐心协力去拯救它们!

目录

001 第一章 巨兽，其他人

017 第二章 奇幻王国：海洋世界

039 第三章 驯鲸员培训

067 第四章 "倍受人类的呵护"？

083 第五章 虎鲸的悲歌

105 第六章 虎鲸的前世今生

129 第七章 守护

147 第八章 在人造的伊甸园里

165 第九章 黑暗面

197 第十章 当信仰成灰

219 第十一章 跃迁

237 第十二章 前景

251 后记1 离开塔卡拉后的日子

257 后记2 那些虎鲸最后的日子

263 致谢

CHAPTER
1

第一章　　巨兽，其他人

一个六岁的孩子第一次看见虎鲸时会有一种什么样的感受？

当我第一次跟着父母去奥兰多海洋世界时，虎鲸身上那种充满危险的美立刻征服了我。水中的它们身形巨大，作为海洋杀手，它们游动迅捷，白牙森森，全身线条柔和。但一到与驯鲸师同游时，它们马上又变得异常温驯和友善。在小小的我的眼里，能够征服这群巨兽的人一定不是凡人。虽然他们与鲸相比体形微小，但他们对鲸的行为控制令他们看起来仿若天神。他们与虎鲸和睦嬉戏的样子，带着一种超自然的神秘。我渴望拥有这种神秘的力量，渴望拥有一只自己的鲸，更梦想着能成为他们中的一员。

我不是1980年那个夏天里受到如此震撼的唯一一个。那天，虎鲸馆里共有5 000多名观众，他们随着虎鲸的表演欢呼，不住地拍手。当鲸带着驯鲸师们在水中遨游，又跳跃到空中完成各种特技动作时，整个现场变成了一场水与肌肉的魔幻交汇，人与鲸发生了奇妙的融合，而这样精彩的场景，我前所未见。

那天离我七岁的生日尚有几个星期，但是从鲸和驯鲸师共同跃动在我眼前的那一刻起，我就在心底下定决心：我要成为这个奇幻世界中的一员，我要成为这群能与鲸对话、能理解鲸的回应，并且不惧它们的巨齿、大鳍、巨肢和尾鳍——这能猛击水面、把表演池中的水溅得到处都是的部位——的令人惊叹的驯鲸师中的一位。我希望成为被选中的少数，成为与鲸生活的亲密伴侣。

从那天起，我就开始这样梦想。在那天众多的观众当中，一定还有人也如我这般幻想过，但我却是为数不多的一个准备实现它的人。

对我来说，暑假常常意味着一场与父母一起的公路旅行。1980 年，母亲和继父决定去奥兰多旅行。我们付不起机票，只能穿过得克萨斯东部密布的河道网，驱车近 900 英里，前往美国主题公园的圣地——奥兰多。汽车一路驶去，与橘子郡一片单调乏味的泽国景象形成鲜明对比的是，奥兰多遍布金碧辉煌的建筑，从迪士尼世界的睡美人城堡，到未来世界公园中像金刚石一样坚硬的大高尔夫球，这里应有尽有。汽车再往前行，就是海洋世界了。

走进海洋世界，首先吸引住我的是海豚。看着它们在池中嬉戏，我入迷了，父母怎么也不能把我从池边拖走。我排了一个长队，亲手触摸它们，那种令人激动的体验，我至今记忆犹新。但很快，我的注意力便被比海豚更大的动物吸引过去。

跟着拥挤的人潮，我们来到虎鲸馆。当时，虎鲸馆已是整个海洋世界最大的动物表演场馆，比海豚、海狮以及水獭的场馆都要大，里面挨挨挤挤地坐满了观众，足有橘子郡三分之一的人口数。奇迹般的表演在我的眼前渐次展开，无论是在视觉还是精神上，我都被深深地震撼了。虎鲸飞快地响应驯鲸师每一个指令的场景，在我的眼中如同魔术师手下奇妙的魔术，我全身心都被迷住了。整个场景如同神迹：虎鲸随着人类同伴的每一个指令，游来、游去、拍打水面……

表演结束后，我跟着父母去见驯鲸师，和他们交流。也是从这一场表演开始，我在心底下定决心：我要加入海洋世界！从那年起，我每年都坚持去海洋世界，先是奥兰多分馆，1988年圣安东尼奥分馆建立后，我又转往那儿。每次看完表演后，我都会像只小狗似的缠在驯鲸师身旁，求他们告诉我成为驯鲸师的秘诀。

圣安东尼奥分馆建立后，我去得更勤了。每次见到驯鲸师，我都要提出一些非常细致的有关动物行为的技术问题。我后来才知道（现在自然更明白），即使出于善意，有些问题也令人非常尴尬。比如，我会问"你是怎么做到让它们唯令是从的啊？"或者"它们在水里能吃到植物吗？"也许，我的问题并未像这般无知，但我问过太多次后，连驯鲸师也对我厌烦了。

12岁时，我开始给他们写信。一封又一封信函，带着他们能给予我建议与指导的期待，飞向海洋世界的驯鲸师和管理人员，这一过程整整持续了两年。写信不为他求，只是为实现自己的梦想。

当我还是孩子时，我便梦想着能找到一种方式逃离橘子郡。世界上还有什么比与地球上最壮美的海洋猎手同游更梦幻的逃离方式呢？

橘子郡本身并不令人讨厌。这里的人多是南方浸礼会教徒，一到星期日便会相聚教堂做礼拜，他们的娱乐方式是驾驶一辆三轮或四轮车驶入丛林，或是把自己弄得浑身是泥。这儿的一切似乎都与丛林有着不解之缘。

这里真正能挑动人们兴奋神经的只有当地的两所高中——小赛普拉斯·莫里斯维尔和西奥林奇·史塔克——之间的足球赛。我的表姐特蕾西至今仍记得我跟踪她去誓师大会时的情景。但本质上，这是一场丑陋的对抗赛。小赛普拉斯是一所传统的白人学校，而西奥林奇的学生则多为黑人。那时是 20 世纪 80 年代，在橘子郡，依旧是黑人和白人依肤色而居的时代，足球赛给了他们聚在一起碾压对方的机会，他们要为这场比赛倾尽对运动的狂热和对种族的固执。但橘子郡与维多市并无关联。维多市距这里 20 英里，声名狼藉。20 世纪 80 年代，3K 党浩浩荡荡地开进了维多市。那时，每当有黑人家庭搬进维多的公共住房时，都会收到一些燃烧的十字架。

与这些人相比，虎鲸虽然危险，但更能吸引我。

那次的奥兰多分馆之旅归来后，我开始疯狂地阅读所有我能找到的虎鲸资料。家里有一套《大不列颠百科全书》，我就把其中每一篇有关虎鲸、鲸以及海豚的文章都细细读过。相关篇目不多，只有两页是关于海豚科的。虽然严格来说，虎鲸是海豚科（属鲸目，鲸鱼为鲸目动物之一）中最大的一种，但每每提及虎鲸时，驯鲸师甚至许多科学家，都将其称为"鲸"。虽然简短的介绍远不能满足我的需求，但我依然抱着百科全书，把那两页读了一遍又一遍，直到纸页磨旧，最后从书中脱落为止。

1977 年，电影《杀人鲸》（Orca）在美国电影院上映。影片讲述了一只雄性虎鲸，在配偶及其腹中的幼鲸都被渔夫杀害之后，冲进渔村报复人类的故事。第一次看到这部电影，是一次从海洋世界回来后在家里的录像机上。这部电影我看了一遍又一遍。但奇怪的是，虽然我对虎鲸推崇备至，这部电影却一点儿也不能打动我，也许是因为其中"人鲸对抗"这个设定吧！

我爱看电影。姨母达琳·廷德尔至今仍记得她买下第一台录像机时，我开心得直蹦三尺高的样子——这可是我的亲戚中第一个买到这种新机器的啊！我迫不及待地要用它看上一整个周末。最后确实如此——我们租了整整十部电影回家。

这些电影中，最震撼我的是1988年吕克·贝松拍摄的《碧海蓝天》。这是一部有关海豚和自由潜水员情深的故事。电影中，让·马克·巴尔扮演的主角杰克·马约深爱着大海和海洋动物，他可以在不借助水肺的情况下，一口气潜到非常深的海洋深处。这部电影向观众展现了海豚美好的一面，这恰是我的梦想。电影中，杰克和好友兼亲密敌手多次潜水较量。在一次比拼中，好友因事故凄惨丧生，从此他萌生死意。伤心欲绝之下，他抛弃了自己的人间真爱（罗珊娜·阿奎特饰），潜至水下深处，想回归大海。潜着潜着，已不知潜了多深，一只海豚突然在水下出现，将他的灵魂带到了它们的家园。这部电影我看了一遍又一遍，最后连录像带也断了。

这两部电影，都以它们独特又微妙的方式，冥冥中预示着我的人生。曾在《杀人鲸》中做过"特技表演"的虎鲸考基（Corky），后来成为我在海洋世界开始驯鲸生涯时合作的第一头鲸。《碧海蓝天》的拍摄地法国昂蒂布海洋公园，是我2001年担任驯鲸主管的地方。

我一点一点地积累着有关虎鲸的一切，从科学到实际，从虚构小说到神话传奇，一点儿也不放过。杀人鲸学名"虎鲸"，与古今典故中的怪兽有着千丝万缕的联系，比如罗马神话中的冥界之神"奥迦斯"（Orcus），或 J.R.R. 托尔金小说中的巨型精灵——半兽人。古代作家认为，杀人鲸常于惊涛骇浪中袭击体形更大的同类，它们贪吃无厌，是渴求猎杀的象征。北美土著把虎鲸视为"狼人"的一种，认为它们是狼的精神在冬天的化形，能引导他们找到海豹，挨过凛冽的寒冬，就像狼在天气较暖时能帮他们找到鹿群一样。两种传说，虽然各自流行的半球不同，但都很好地诠释了"monster"（巨人）的原意。"monster"来源于意大利语中的"mostrare"，意为"展现"或"展示"，引申义为"教导"。这正是虎鲸的真实写照，它们有着强大的力量和令人惊叹的智慧，能在 20 世纪这个人与自然已经疏离的年代，教给人们生死相搏的宇宙奥义。

从书籍和流行文化中，我知道了许多有关虎鲸的有趣故事。但我始终认为，能真正回答我满腹疑问的地方只有一个：海洋世界。我坚持不懈地写信，向他们询问成为驯鲸师的种种要求。除此之外，我每年都到奥兰多分馆（后来是圣安东尼奥分馆）观看表演，然后排长队去见这些驯鲸师，连珠炮似的问他们同样的问题。

1985 年的一天，我长年的坚持不懈终于换来一封详尽的答案，但兴奋的同时，我心中不觉生出一丝凉意。回信来自海洋世界奥兰多分馆动物训练主管丹·布拉斯科，地位如此之高的大人物屈尊回信，让我受宠若惊。但这封信也给我的梦想劈头浇了一盆凉水。主管的言辞礼貌，但并不热切。他说，驯鲸师的职位有限而应征者如潮，建议我最好做好其他职业领域的后备之选。彬彬有礼的言辞掩饰不住他坚定的态度，他断言我得到梦想职位的可能性微乎其微。这种善良而现实的态度刺穿了我"有志者，事竟成"的梦想。

不过，布拉斯科依然为我列出了一名优秀的驯鲸师应征者在递交简历时应有的各项能力。首先是一个心理学或是海洋生物学的学位，然后是潜水证书、演讲经验以及在动物福利组织志愿服务的经历。最最重要的是，需要通过一场严酷的游泳测试——这要求我需有如电影主角一样的"铁肺"。尽管被布拉斯科的坦率重重打击，但我依然决定去奋力达到，甚至超越他列的各项基本要求。唯有如此，当机会来临时，我才能一击即中。

自孩提时，水就是我生命中不可分割的一部分，它常让我既爱又恨。那时，尽管年纪懵懂，但我依然明白，水能孕育万物，也可以淹没生命。

它曾差点带走我的母亲。那年我四岁，但记忆中的那一刻却刻骨铭心，以至于我在痴迷上鲸之前，就暗暗发誓，要学好游泳，以强大的姿态，在水中悠游自得。

那时，我的继父常爱驾船出游，每次下河前，他都会想方设法地拉上晕船的妈妈。一个周末，他驾上一艘装有轮机的铝制小船，在萨宾河上航行，萨宾河离橘子郡不远，挨着路易斯安那州。突然，一艘马力较大的大船从继父的小船旁边飞速驶过，它激起的尾浪打翻了小船，将妈妈和继父抛到了水里。由于发动机上没安断路器，失去驾驶的小船开始在水中打转。妈妈穿着橙色的救生衣，正浮在水面，发动机的螺旋桨顺势撞向她的胸膛。妈妈幸得救生衣相救，如果没有它，她的胸膛一定会被搅成碎片。厚厚的救生衣虽缓冲了轮机的撞击，但亦成了一个可怕的诅咒——它全部缠绕在了发动机的螺旋桨上。妈妈动弹不得，被发动机带入水下，被水淹没。

这时，罪魁祸首大船回来了。船员们帮助伤心欲狂的继父在水中寻找妈妈。多年后，妈妈告诉我，她听见了他们呼唤她名字的声音。在水中淹没了两分钟甚至更久后，她终于从发动机上挣脱。幸运的是，救生背心的带子堵住了轮机，便桨叶停止了转动。妈妈并未受重伤，只在胸部有一块瘀伤和组织创伤，她很快被送进了医院。当我见到她时，大人们不让我拥抱她。

那时，我还年幼，但已意识到事情的严重性。事发前，我曾非常喜欢水，常在浴缸里放满水练习闭气，甚至还报了一个游泳课程。而此刻，我找到更好的理由来督促自己努力训练了。

多年以后，当我任职于海洋世界，成为一名驯鲸师并在水下取得成功的时候，家人又反过来为我担忧。我有个表哥，约翰·卡罗尔——这是个南方姓氏，他长我十岁，我们常在得克萨斯州的大灌木丛保护区的外公家聚会。我以前非常崇拜他。

一次，约翰和一位好友到墨西哥湾捕鱼，他们在暴风雨中迷失了方向，被强大的风暴掀翻在海里。穿着救生衣的两人把两个冷藏箱绑在一起，然后紧紧抓住它，漂浮在洋面上。就这样浮了一整晚后，身体很快出现低温症，两人拼尽全力，才保持意识清醒。最后，一座石油钻井平台终于遥遥在望，约翰的朋友叮嘱约翰抓紧冷藏箱，他游到钻井平台找人相救。但游着游着，他意识到自己的身体虚弱，无法游到，只得又返回原地。但冷藏箱处，约翰·卡罗尔早已不见踪影。搜救人员认为，他也许是陷入昏迷，从救生衣里滑落，沉入水底。之后，海岸护卫队赶到，把他的朋友救上了船。

　　我央求父母，继续坚持每年一次的海洋世界之旅。用这样的方式，我认识了那儿所有的驯鲸师。14岁时，我还在其中找到了两个明确的偶像，他们的才艺和习性，我都渴望一一模仿。

　　第一位是安妮塔·勒尼汉，她在海洋世界最重要的一家分馆——圣迭戈分馆工作，总能不厌其烦地回答我每一个问题。她为人诚恳，对海洋世界所有的职业要求也从不隐瞒。每次表演完，在我排长队去见驯鲸师的空隙，她都会同站在队伍中的我聊天。尽管她是和海狮而不是虎鲸一起工作，我仍然认真地倾听。毕竟，作为海洋世界的资深驯兽师，她提供的信息价值巨大。她不掩饰，坦诚地说她用了两次才通过游泳测试。现在她和海狮一起工作。尽管知道虎鲸馆才是海洋世界的焦点，但她依然带着乐天的笑容，无论是台下的互动还是台上的表演，她都可以与海狮心意相通。多年后，那时缠在她身旁的孩子长大，成为一名实习驯鲸师，在圣安东尼奥分馆同她并肩工作，但对她的崇敬只增未减。

　　我的另一位偶像马克·麦克休与她的个性截然相反。马克是虎鲸馆的明星驯鲸师，有着超级英雄一般不容置疑的运动能力和表演精神。那时，每当望见他，我就会忍不住梦想，自己到圣安东尼奥分馆工作时，也要像他一样。和明星一样，马克的性情喜怒无常，常拒人千里之外，喜欢用阻吓他人的方式来维持自己的领头地位。他对表演过后围在身边叽叽喳喳打转的孩子从来知无不言，唯独对我没有耐心。安妮塔有多虚怀若谷，他就有多盛气凌人。他对人颐指气使，说话的语气比职位高出他许多的主管们还不容置疑。但是，一看到他登上舞台后神气十足的样子，他超强的能力和强大的气场都让我由衷叹服，我只剩因仰慕而想要模仿他的种种特质的念头。

少年时，我身居保守的得克萨斯州中最保守的地方，苦苦地追寻着自我。有天，当我意识到自己是同性恋时，我明白，逃离橘子郡的时候到了！我搭上一辆大巴，来到休斯敦。

在这里，我不识一人，一文不名，甚至连住的地方也没有，但我依然决定要在这儿出人头地。这时是 20 世纪 90 年代初期，艾滋病仍以疯狂的速度在同性恋间肆虐，夺走他们的生命，先进的医疗技术还没有得到普及。但幸运的是，我在这儿认识了不少男性同性恋朋友，他们给了我生活的指引，指引我走上了正确的道路。若非他们，我也许不能继续追逐自己的梦想。多年来，我也一直帮助那些在错误的时间被错误的人引至犯罪的"男同"们走上正确的轨道，作为对曾经帮助我的那些人的回报。年轻的我们太过天真，当你挣扎于自己的性取向之时，总有一些富有的成年人不怀好意地利用你的脆弱。他们是一群邪恶的怪兽。在这样的环境下，我们很快长大，我也渐渐熟悉了都市的生活方式。

在休斯敦，我继续为海洋世界驯鲸师的梦想努力着。我拿到了潜水证书，并遵照布拉斯科当年的建议，成功被得克萨斯大学休斯敦分校心理系录取。我白天工作，也从不缺勤晚上的夜校的课程。我甚至还存了一笔钱，作为自己的生活保障。

此外，我还开车到加尔维斯顿，加入当地的海洋哺乳动物滞留救护协会，利用周末时间，帮助被冲到沙滩上的动物们回归大海。这是一份令人心碎的工作，特别是我参与动物解剖的那次，令我印象深刻。一只海豚妈妈和它的孩子被一张垂直的刺网[1] 挂住，顷刻之间，曾经的海洋家园与庇护所变成一座威胁生命的地狱。海豚妈妈知道它和孩子的氧气正在耗尽，它们要么立即浮出洋面，要么就此淹死。绝望之中，它义无反顾地跃入大洋深处，奋力向海底沙床俯冲，想把自己楔入网下以使孩子挣脱刺网。但所有的努力都是徒劳。母子俩全部窒息而死。直到最后一刻，海豚妈妈依然在给孩子哺乳。我们在小海豚的胃中发现了新鲜母乳，海豚妈妈的嘴上也沾满了淤泥，可以想见它曾是多么拼命地撞击海底，想从网中挣脱。

我坚持着自己的游泳训练。我知道，游泳测试中的重要一环便是一口气潜至泳池底部。它虽然不如《碧海蓝天》中的潜水比赛惊心动魄，但海豚馆的池深超过 25 英尺，虎鲸馆的泳池更是深达 40 英尺，要游到泳池底部并停留，仅会游泳，然后借着跳水板高高一跃是不够的。

为了通过游泳测试，我经常跑到墨西哥湾上冲浪，然后从冲浪板上跳入水中，尽我所能，潜到最深——通常为 30 英尺。每次深潜，我都会为自己定下一个目标：抓住水底的淤泥，把它作为自己到达深处的证据。潜泳时，游得越深，水压越大，肺部的空间被压得越小，肺里能存储的氧气量相应地会更小。

之后，在与虎鲸同游的多年职业生涯里，我终于明白深潜训练的好处：练得越勤，耳膜的承受力越大。很多驯鲸师在深潜时，都需要捏紧鼻子，

[1]　一种垂直悬挂的渔网，底端依靠重物固定在海底。

以平衡耳膜水压，但我不需要。常年的训练已使我的耳膜能自动调节，平衡水压不过小事一桩，毫不费力。

为驯鲸师工作努力准备的同时，我也在谋划接下来四年的学业。学历是要求之一，这也是布拉斯科曾对我说过的。但后来，意想不到的好事发生了，我对海洋馆坚持多年的"骚扰"终于得到了回报。

1993 年，圣安东尼奥分馆出现一个训练实习生的空缺，管理层询问资深驯鲸师们，是否认识一个可担当这一职务的人。其中几个说道："那个常跑来问问题的孩子可以。"他们还向管理层解释，我完全符合他们所有的要求。其中一位驯鲸师给我送来了通知。机会终于来临，比我预想的还要早。尽管离大学毕业还有段时间，但我不会让这次机会溜掉。

我不是唯一一个来动物训练部应聘的人，一共有 27 个人。那年 9 月的游泳测试中，每一个应聘者都持有潜水证。

测试在海豚馆进行。这里的水温比虎鲸馆高，但也只有华氏 60 度 [1]，比一般家庭庭院中的游泳池水温要低得多。测试第一项，我们需要依靠单次呼吸，在水下游 125 英尺，然后再潜至 25 英尺深处，拿回重物。比赛的难点在于，无论是在潜底还是水下游泳的过程中，都不能浮出水面。同时，计时自由泳也是测试的项目之一。

测试那天早上醒来时，我发现自己鼻窦发炎了——我想这是在墨西哥湾练习过度导致的。深潜时，鼻腔堵塞是非常危险的，会引发感染或因水压不平衡而导致耳膜穿孔。倘若如此，也许我的梦想还未开始便已早早结束。

---

[1] 相当于 15.6 摄氏度。

但这并没有让我更加紧张——我情愿身死测试也不要与这一机遇擦肩而过。

几轮测试后，连我在内，只有三人进入最后一轮。这一轮，我们要接受一群顶尖驯鲸师（包括表演明星马克·麦克休）的群面，登上舞台，向他们展示我们面对成千上万观众时，演讲的仪态和信心。同时，他们还要仔细地审查我们深潜时的泳姿是否漂亮。

面试完后，他们让我回家等待消息——最后的结果要一个月后才能出来。那是令人煎熬的一个月。第一个礼拜没接到消息后，我几乎就要在心里认定自己落选，因为他们甚至都不愿花时间通知我一句。但最终，人事工作人员打来电话说，他们已选定一位实习生，也就是我！梦想终于成功，我就要加入海洋世界，正式成为一名驯鲸师了！

CHAPTER
2

第二章　　奇幻王国：海洋世界

毋庸置疑，作为一个商业传奇，海洋世界将永垂青史。自 1965 年成立以来，这家主题公园就为美国人民甚至全世界人民书写了一篇震撼人心的现代神话：人与动物表面上的和谐共处。正是在这里，各种不同文化之下的人们有史以来梦想过的人间天堂终于近在咫尺。

对于那些想一睹人与自然和谐相处的人来说，海洋世界俨然是先知以赛亚曾经预言过的和平国度，只不过这里彰显的不是恶狼与羔羊和谐相处的友谊，而是虎鲸和智人这两种站在地球食物链顶端的最为危险的食肉动物一起游泳嬉戏，一如上帝创造万物时所寄寓的美好场景。如若你对此存疑，大可买上一张票，到圣迭戈、圣安东尼奥或者奥兰多的虎鲸馆亲眼见证这一奇迹。但是，作为一名受雇于海洋世界的实习驯鲸师，我有义务守护甚至增强这份不同物种间和谐共处的神秘。

记得初入职时，我是海洋世界的

忠实信徒，即使其条规中偶有矛盾之处，我依然选择相信（而且很多时候是非常高兴地）：这里展现的是一个人与自然和谐共处的水底世界，而我将成为其中的一分子。像很多成功的社会组织——不论是商业组织还是宗教组织——一样，海洋世界也有它崇尚的至高"圣经"，这是它立足于世的中心"神学"。

而写在这部"圣经"开篇的，便是仙木（Shamu）[1]。

仙木是海洋世界的头号巨星，是这个海洋公园里最初的虎鲸女神，它在 1965 年下半年首度露面之际，便深深地抓住了观众的心。它是海洋世界众多海洋生物中的头号杀手，它的名字将永世流芳，正如仙木本身一样，万古不朽。公园里的每一场演出都为仙木而设，出现在奇迹中央的每一头鲸都背负"仙木"之名，表演中每一头主鲸的演出搭档也都被称为"仙木宝宝""仙木小孙孙"或是"仙木小曾孙"。仙木万古长存，至少其名字将永不老去。

第一代仙木死于 1971 年。但自那以后，为了纪念它，每一只登上中央水族馆舞台表演的鲸鱼都以它的名字命名。对海洋世界来说，这一点也至关重要。代代相传的"仙木"之名是一个无与伦比的传奇。正因如此，很长一段时间里，这些鲸鱼的真实名字反而成了不为人知的秘密。例如，观众们永远不会知道，塔卡拉（Takara）的真名是"塔卡拉"，昵称是"提基"（Tiki），而它妈妈的名字则是"卡萨特卡"（Kasatka），观众们也不会知道，"考基"其实是电影《杀人鲸》中一只鲸鱼配角的名字。没有几个人知道"克特"（Keet）"尤利西斯"（Ulises）或"卡蒂娜"（Katina）

---

[1] 仙木 (Shamu)，虎鲸进行表演时的艺名。

这些名字到底代表着什么，因为在海洋世界看来，他们有必要保护仙木传奇的长盛不衰，它必须成为这个世界永远崇拜的偶像。

和所有主题公园一样，海洋世界常标榜自己为人间伊甸园。但即使是伊甸园，也不过一个宗教的道德神话而已。

初代仙木是第一条被有意从自然界捕捉并训练成为表演者之一的虎鲸。另外三条在进入海洋世界之前，曾在其他地方表演过。它们有的是被渔网缚住，有的是被捕鲸叉重伤，有的是因为疾病才落入人类手中。20世纪60年代中期，它们纷纷被送进水族馆或北美太平洋沿岸的廉价海洋公园中，以作展览。

在人类最初捕获的三头鲸中，最受欢迎的是一头雄性虎鲸。1965年6月，它误入不列颠哥伦比亚海岸娜姆镇外的捕鲑鱼网，被渔民擒获。他们随后把它作价8000美元卖给了西雅图一家水族馆的老板泰德·格里芬。格里芬一直梦想捕获一头虎鲸，与它同游，他是半个多世纪来创立虎鲸表演产业的关键人物。根据虎鲸被捕获时的当地地名，他将这头虎鲸命名为"娜姆"（Namu）。

在莫比·多尔（Moby Doll）以前，虎鲸一直被人们视为一种极度危险的动物，是它短暂的圈养生涯改变了一切。在莫比·多尔被捕鲸叉射中前，人们起初以为它是一头雌鲸，它原本无法逃出生天的。由于温哥华水族馆想制作一具与实体等大的虎鲸样本，于是，1964年7月16日，他们派出一支捕鲸队，出海捕杀虎鲸，希望能得到一具可用于样本制作的虎鲸尸体。后来，面对当地报纸采访时，标本师萨姆·布里奇回忆起虎鲸被射中的那一刻，说道："它直勾勾地盯着我，我也报之以同样的眼神。我们就这样对峙着。"鲸受伤了，在水中挣扎了两个多小时。在这两个多小时里，它的同伴们不断地跑来，送它到水面呼吸。布里奇站在船上望着一切，他本打算给它补几枪让它速死，但据报纸报道，子弹射出后，鲸依然顽强地活着。最终，他们只得把它抓起来。待最初被捕鲸叉射中的恐惧和惊慌散去后，莫比·多尔向世人证明，尽管声名恶劣，但它们其实可以很友善，甚至称得上温驯。可悲的是，莫比·多尔寿命不长，未过三个月，它便患上皮肤病，更致命的是，它的肺部被真菌感染。被捕获后第87天，莫比·多尔离开尘世。

莫比·多尔的事迹向世人证明，虎鲸也能与人平和相处，而正是格里芬平地春雷般的雄心壮志，将这一发现变成了一种商业模式。一个月后，娜姆从加拿大被运到他在西雅图的水族馆里，格里芬最终夙愿得偿。之后，他还为娜姆摄制了一部电影，电影一经上映，曾经的"深海杀手"终于变成人们眼中"黑白相间的温顺大海豚"。美国人这才意识到，虎鲸本就是海豚科中体形最大的一种，而且还和之后在电视上名噪一时的宽吻海豚是近亲。那时，美国国家广播公司（NBC）制作了一档大热的电视节目《海豚的故事》，节目讲述了一只英勇可爱的海豚和佛罗里达一家人相亲相爱的故事。得益于格里芬的不断努力，曾经人们谈之色变的虎鲸终于变成"温驯可人"的形象。这一转变不无益处。原先，虎鲸名声之恶曾使得美国海军不得不将北大西洋海军基地附近的所有虎鲸杀之殆尽，以规避潜在的风险。

娜姆的迷人风采和巨大人气吸引了大批游客涌向格里芬的水族馆，自此，格里芬走上了捕鲸发家之路。1965年10月23日，格里芬在普吉特海湾捕获了他的另一头"商业明星"。格里芬期待它能成为娜姆的爱侣，所以它被命名为"仙木"。被捕获不久后，仙木被格里芬出租给圣迭戈太平洋海岸使命湾新开张一年的主题公园，最终，它被卖给了这家公园。这家主题公园就是"海洋世界"。

20 世纪 30 年代后期，海洋公园出现在美国；50 年代时，海豚表演已成为不少公园吸引游客的特色；到 60 年代早期，海洋世界的创始人开始引入全新理念，以迪士尼[1]式的规模向观众展现海洋哺乳动物的表演。创始人是投资银行家米尔顿·谢德，他联合三位合伙人向负责审查使命湾的大型地产项目的圣迭戈当局建议，要建一家梦幻式的大公园。著名记者康纳·弗里德斯多夫在描述这一项目时写道："原始的项目场地内有一座大型地下竞技场，场内灯火通明，透过玻璃，观众可对场内一览无遗。驯兽师只需一套潜水设备，就能在玻璃后展示神奇、奇异，甚而可怕的海底世界。场地内还有一处大泻湖，游客可在湖畔一边悠闲地进餐，一边观赏象海豹和海象的精彩表演，倾听巨头鲸抽鼻子的声音，观看企鹅们像训练有素的士兵一样迈着整齐划一步伐的可爱样子。"

1964 年 3 月 21 日，海洋世界开园，米尔顿·谢德的大多数建议——至少建造方面的建议——得到了采纳。除动物表演外，公园内还有水翼船及其他多种娱乐设施，虽然合伙人眼中只有利润，但谢德雄心不改。正如弗里德斯多夫在文中所言，创始人希望借海洋世界向潜在的投资商说明："你对海洋世界的每一份投资，都能增进公众对海洋生态的好奇。"换言之，谢德商业模式的成功，有赖于公园对于游客对海洋动物生活的好奇与

---

[1]　1955 年在阿纳海姆开业。

关注的不断培养——这正是环保主义与资本主义的完美结合。除了这些人之外，海洋世界的创始人当中还有当时顶尖的鲸类研究专家肯·诺里斯。虎鲸协会的一位专家霍华德·加内特说道："肯·诺里斯的加入，无疑为海洋世界加上了一层免疫体系，套上了一个科学权威的光环，使得它能在那时对海洋哺乳动物捕捞的质疑浪潮之中、在人们对动物表演盈利背后的伦理问题口诛笔伐之时，岿然屹立。如今，尽管肯在1976年就已经离开，海洋世界也朝着完全不同的方向发展，但海洋世界依然在运营上延续着它教育公众与保护生态的理念，并引之为立身之本。"

虽然转型明星一年后才驾临，但这一年里，海洋世界就已吸引了近40万名游客。1965年12月20日，仙木空降海洋世界，"虎鲸表演"——这一有着让人难以抵抗的魅力的卖点——成为公司源源不断的灵感来源。从这只传奇的海中巨兽落户其中的那一天起，海洋世界也在步步迈向更高的成功峰头。如今，近半个世纪以来，海洋世界的每一处分馆几乎每年都能吸引400多万游客。

直到今天，游客来到海洋世界游玩的中心站，依然是这座原用于展示第一代海洋明星的虎鲸馆（也称"仙木馆"）。不过馆内的况味早已改变，自2010年2月多恩·布兰彻事件之后，驯鲸师已不再下水与鲸表演。除此之外，几十年的岁月变更虽将场馆设施变得更加炫目和高级，但它基本的要素与故事主线依然未变。当人们——特别是明星驯鲸师们见到虎鲸时，虎鲸总能带给他们新的惊喜。人们首先是惊讶于它的力量与体形，接着便感受到它们难以掩饰的对人表达友善的意愿与渴望。从开场的倒计时开始，到虎鲸随着驯鲸师的指令连续空中跳跃、撞回水面，展现出高超的技艺和运动精神，这种感受渐渐镌刻在人们心中。随着这场 25 ～ 30 分钟表演的中场高潮到来，虎鲸跟着指令做出连续动作，展现出人与鲸的亲密合作以及温暖有爱的深情时，观众对鲸的感情也渐渐深化。乍看之下，驯鲸师与虎鲸感情深厚，虎鲸也似乎乐于和它的人类同伴们游戏。令人惊叹的第三个阶段在表演的最后一轮，虎鲸遵从指令，完成跳跃、鞠躬以及螺旋跃升等一系列令人叹为观止的水中动作。观众身上都被鲸溅出的水淋湿，这让他们感觉似乎自己已与整个表演融于一体。驯鲸师们却依然不觉尽兴，因为他们和鲸的接触范围、水中合作的动作都受到了限制。尽管海洋世界也同时向观众们极力推荐园内其他的动物表演及娱乐项目，但虎鲸表演始终都是公众关注的焦点。

直到今日，我依然记得自己参加第一场表演时的情景。那时，我刚刚成为一名实习驯鲸师，继父和妈妈千里迢迢从橘子郡赶来，准备带着自豪的神情观看我参演的那幕——虎鲸秀的最后一幕、也是他们曾在一个个暑假带我看过的那幕上演。那时，我才二十出头，身体的肌肉还没有之后那样结实，大大的潜水服穿在身上时，空隙太多，一点儿也不舒服。但我内心依然充满成就感，因为这是虎鲸馆的潜水服啊！

但那场演出，我的那部分工作并不值得一看。除了对着麦克风念着如"女士们，先生们，欢迎光临虎鲸馆"之类的简单台词外，我的主要工作就是拎着一桶鱼围着池边跑动，以备驯鲸师奖励鲸用，或是遵照指示开关闸门等。但我依然沉浸在无尽的光荣中——至少那时，我以为这是一份光荣。能够让周遭的观众认为我也是一名驯鲸师，这对我已足够。

_海洋世界得州分馆，与塔卡拉一起表演"呼啦握"（2009 年）

__海洋世界得州分馆，夜间演出中的我和塔卡拉（2009年）

那天，我的主要责任是观察。我跪在表演池的池壁架子（一个沿池壁修建的浅层架子）上，望着水中驯鲸师和虎鲸合作。表演当中，无论何时，监督员都要跪在表演池两边长端的池壁架子上，为驯鲸师预警水中情况，一旦出现意外，就用眼神或语言信号为水中的驯鲸师以及另一位站在岸边的资深驯鲸师传递讯息。

作为实习驯鲸师，这部分工作并非我的本职，警视周边情况并判断其对虎鲸的影响，也不在我的能力范围之内。严格来说，实习生只是两位资深驯鲸师之间的信息传递工具。但是，这并不影响这项工作的重要性，只有通过实习生传递的信息，驯鲸师才能判断出每一个细微事件（如观众朝水中扔东西）是否会酿成恶性事件；也只有通过他们的信息，驯鲸师才能知道，满场反射的回声是否会影响虎鲸的心情，是否会让它对着 5000 名观众表现出它的愤怒。

不论何时，虎鲸都被小心地近距离监视着。这本该成为一条对我的最早提示：在人与巨鲸和谐共存的理想场景背后，真相是残酷的。

海洋世界中流传着很多人鲸友好共处的美丽神话，在这些神话里，人鲸关系无一不是非常复杂。在这些梦幻的背后，隐藏的历史真相往往非常残酷。

当娜姆被困在加拿大海岸外的渔网中时，它的家人始终在一旁游动，想方设法地营救它。格里芬把娜姆关在围栏内，系在船后，拖向西雅图，它们就一路在围栏外游荡，但仍然无法解救它，娜姆不由得在栏内发出痛苦的尖叫和呼喊。渐渐地，大的虎鲸——也许是雄性——悄然离开，只余下娜姆和另外 3 头：一头年长的，两头年幼的，也许是它的母亲和姐妹吧。它们拼力留到最后，但最终，在意识到自己无能为力后，它们也失望地离开了。

在被捕获的当年，娜姆就离世了。在死亡之前，它被细菌感染折磨。它曾经疯狂地用头撞水族馆的池壁，最终溺水而死。有记录说它撞池壁是因为想逃脱，还有的则说它是因患病而变得头脑混乱。

娜姆死后，格里芬伤心不已。几十年来，每当面对记者的镜头，他都要一遍一遍地重复对娜姆的极度思念。但他仍不断捕鲸，用炸药把鲸驱赶到网中，然后擒获。在格里芬捕鲸的过程中，很多鲸无辜死去，其中有多条是虎鲸妈妈。格里芬将它们杀死，这样就能更加轻易地带走它们的孩子。尽管在海洋世界的官方说辞里，他们一直在对自己得到第一头鲸的方式表示忏悔，并宣称自己也是这一残忍方式的受害者，但不可否认的是，正是有了格里芬最初卖给他们的几头鲸，海洋世界才得以发财，这批被出售的鲸里，就包括每场演出都大受欢迎的仙木。

但在为人类带来欢乐的同时，仙木自己的结局却并不幸福。格里芬宣称它和娜姆性情不合，并把它卖给海洋世界。被卖出时，仙木正处于精神创伤的恢复期：捕鲸时，格里芬在它的面前杀死了它的妈妈。

1971 年 4 月 19 日，海洋世界打算把仙木用于一组宣传照中，让它与一位穿比基尼的模特一起表演。这位模特是海洋世界的一位秘书，按照摄制要求，她需骑着仙木，在水中游三次。但拍到第二次时，仙木已表现出恼怒的迹象。在拍第三次时，仙木终于抗拒指令，混乱发生，模特落入水里。仙木不断地咬她的下半身和四肢，在水中紧紧地追了她几分钟。虽然这位模特最终生还，但她还是缝了100多针，在医院躺了很多天，并留下了终生的伤疤。在之后的诉讼中，海洋世界提供的一份资料显示，仙木此前曾咬过两人，包括一名驯鲸师，但模特对此并不知情。

事故发生后，仙木的表演被暂停。4个月后，它离开了人世，死于宫腔积脓。细菌进入它的子宫内膜，引起激素失衡，造成它血液中毒，最终令它积脓而死。这样的死因在野生虎鲸的身上几乎从未有过。

这是海洋世界公开的秘密。尽管每一个在这里工作的人对此一清二楚，但没人愿意发声谈论。因为对海洋世界来说，这是一个麻烦的真相和一个应深埋于心的秘密。无论如何，"仙木"之名在园中代代流传，它不再是一头被捕获的鲸，一个早逝的九岁孩子，而是公司开疆拓土的一块招牌。

被聘用为实习驯鲸师意味着可以与虎鲸靠得更近，虽然这不意味着能自动获得训练它们的资格，但我仍然以为自己是幸运的，没有谁能保证驯兽师最终会在哪个场馆工作，很多人可能终其职业生涯也无缘与虎鲸一起工作。一切都由海洋世界指定，他们根据驯兽师的能力及对公司的贡献方式来分配他们的工作。正因如此，无数的驯兽师虽怀着和虎鲸一起工作的梦想，但可能他的整个职业生涯只能在海豚馆或海狮馆工作。

我用自己的方式向他们证明：我是为虎鲸馆而生的。那时，我每天到体育馆练习举重，潜水服内的空隙变得越来越小，尽管还没有达到我预期的目标。年轻又怎样？我可以控制自己的饮食，每天坚持锻炼。为了得到这份工作，我没有害羞和胆怯，更没有消极度日，我从不惧于向他们展示自己的野心，更不畏于向他们展示我在动物训练和体育方面的素质。我就是要向他们证明：我才是他们的理想之选。

也许是因为我的努力奏效，1993 年，在 20 岁刚过了不到两个月后，我不仅获得了圣安东尼奥分馆的实习生一职，还被分配到了虎鲸馆。当时，我激动得几乎说不出话，梦想正以比我预想中更快的速度实现。我毫不犹豫地从大学辍学，毕竟，我上大学的初衷也只是为了拿个学位，得到这份工作。我已经做好准备，全身心扑到工作中了。

作为一名新进实习生，每次与驯兽师们聊天时，话题大都毫无意外地集中在如何进入虎鲸馆——不仅仅是海洋世界——工作。我对他们想要加入公司时的年龄和曾经走过的道路很感兴趣，还不时地将他们与自己做对比。我也偶尔与那些虽长年在海洋世界工作，但从未踏足过虎鲸馆的驯兽师们聊天，他们的话让我惊讶。竟然会有人不想与虎鲸一起工作？有人说，是因为不想去考或觉得自己无法通过虎鲸馆严格的游泳测试；有的人说，是因为虎鲸馆工作压力大，毫无乐趣可言；甚至还有人说是因为害怕虎鲸。他们的理由让我不解。我只明白，这种所谓的压力让我着迷，因为我的每一个动作都在监控之下，生活因为带着一丝危险感而充满刺激。

入职虎鲸馆前，即使是实习生，也需要通过另一项游泳测试，这一次是在虎鲸馆内。为防止有害细菌滋生，伤及虎鲸，虎鲸馆内的水温通常为 48 ~ 52 华氏度，比海豚馆的水温低 12 ~ 15 华氏度，比常规水温低 15 ~ 20 华氏度。寒冷的水温容易使人体因低温缺氧而失去知觉，出现潜水黑视，进而危及生命。但极低的水温只是难度之一，上一次测试的潜泳深度为 25 英尺，这一次我要从前面展示池的水面潜到约 40 英尺深的水底，然后再从那儿带回一块 5 磅的重物。在此期间，我要以单次呼吸，在水下游 140

英尺——比海豚馆的要求距离长 20 英尺，然后完成计时自由泳 250 英尺，之后还要用手抓住岸边高高的池壁架子从水中爬上来，展现自己的上肢力量。所有这些动作都需在 10 分钟内完成，难度极高。但我自信满满，测试本身并不能让我畏惧，我担心的是几周前遇到的另一件事。

正式上班的第一天，我来到圣安东尼奥分馆。在人力资源部报完到后，我出门便被一辆白色雪佛兰拦住。等我看清车中的人时，不觉吓了一跳。马克·麦克休，我儿时的偶像，现任虎鲸馆馆长，他载着我朝主馆驶去。一路上，他不断地鼓励我，称赞我第一次游泳测试时技能出众，运动能力强。我不觉在心中暗自骄傲，自信心更强了。似乎万事顺利，我想，上班的第一天也许就该如此。

但是聊着聊着，麦克休突然随意地开了一句玩笑："当时我还认为你是同性恋，在你面试的时候差点儿就没投你票。"

我突然沉默，像有人在我肚子上踢了一脚般难受，特别是，踢我的人还是现任老板之一，是我多年来奉为英雄的偶像，这让我痛彻心扉。突然，我开始害怕失去这份自己费尽一生追求的工作，为了它，我已经准备了一辈子啊！测试虽然轻松，但麦克休的话却让我第一次有了职业危机感。我的大脑飞速运转，刹那间，我做出一个决定：我要将自己那重要的一部分封存起来，埋藏在"柜子"深处！虽然违背本愿，但为了这份工作，我可以牺牲一切！

即使被分到虎鲸馆，我依然不能触摸虎鲸或与它们交流，更遑论到水中与它们游泳。实习生靠近水池时，需有资深驯鲸师的看护，因为虎鲸能够轻而易举地从水中跃出来，把你拖进水里。就连在池边的固定位置摆放鱼桶时，也必须有资深驯鲸师小心盯着。但无论如何，与它们的距离也总算比以前更近。能与它们如此靠近、发现许多以前未曾留意的事物、观察到海洋世界是怎样喂养这群海洋明星以保持它们的健康（至少在表面上），这都让我兴奋不已。

到虎鲸馆后，我接触的第一头鲸是柯达（Kotar），它那时是圣安东尼奥分馆的5只虎鲸中个头最大的一只，重约8000磅，如果你到那儿游玩，一定不能错过它。在整个海洋世界，只有佛罗里达分馆的提利库姆（重约12000磅）以及圣迭戈分馆的尤利西斯（它也在渐渐长大，现在重约10000磅）能超过它。圣迭戈分馆的雌鲸考基，也差不多与柯达同重：8200磅。

可是，即使像柯达这样的"鲸中典范"，也不是十全十美，其中最明显的莫过于它萎塌的背鳍，这也是海洋世界中所有成年雄鲸的通病。很快，我便明白，这种通病是被关禁闭导致的。鲸群整日一动不动地被禁闭在池面，高大厚重的背鳍得不到水的支撑，才会萎塌下去。这在得克萨斯分馆和佛罗里达分馆的虎鲸身上表现得尤为显著。这两地气温较高，被捕获的鲸在阳光下被暴晒，身体因被烈日灼伤和脱水而饱受折磨。在海洋中，它们大多数时间全身浸在水里，但海洋世界的水池达不到如大洋一样的广度与深度，它们的面积对于人类来说也许很大，但对虎鲸来说还太小。因此，像风帆一样的雄鲸特有的宽广背鳍只能暴露在池面之上，受到的阳光照射比海洋中的同类更多。

做实习生时，我便已认识到，这群外表可爱的生物实则非常脆弱。但那时，我想到的也只是更为用心地照顾它们，并无其他。当时我始终坚信海洋世界的宣言：这群鲸在海洋世界中的存在有助于保护它们在大自然中的同类，假使人们能在这儿爱上它们，便会不遗余力地在海洋中保护它们的同类。

因此，在馆内的教导下，我像一名医院的实习护士一般观察和记录着虎鲸的日常行为。每到一个固定的时间点，我便按规定去观察它们的呼吸，这一工作一天要重复多次。虎鲸平均每分钟呼吸一次，有时，当它们表演至费力部分时，会呼吸 2 ~ 3 次，这主要取决于它们在表演中花费的气力大小。在平时，鲸的呼吸频次是我观察它们健康状况的一个标准，如果它们的呼吸突然异常加速，这可能就是健康受损的一个前兆。一旦发现这类异常，我必须立刻向主管汇报，然后我们再一起对它的呼吸监测 5 分钟，同时观察它与其他鲸的交流状况。如果其呼吸频率仍在正常值以上，那么除继续记录呼吸、观察行为外，我们还需为它联系兽医。

就这样，每 5 分钟数一次呼吸，一天多次。工作虽然琐碎，却非常重要，足够和鲸的饮食配备工作相媲美。正是通过饮食，我才知道，要想保持一头圈养鲸始终健康地活着，是一件多么辛苦的事！"饮食配备"一词也许太显专业化，我所做的不过是往鱼桶里倒鱼罢了。

一头虎鲸每天需要 150 ~ 300 磅鱼。所有的鱼都是在被完全冻硬后，源源不断地大量供给海洋世界。随后，实习生和驯鲸师将这些冰冻鱼——包括鲱鱼、鲭鱼、香鱼、鲑鱼（在加利福尼亚还有鱿鱼）等，放到自来水下解冻一夜，以备使用。由于每头鲸所需饮食不同，所以桶中每种鱼的配比相应也会不同。配好后，称重，然后放入冰块冷藏，以保证鱼不会腐坏。

训练或表演时，实习生一手拎着一桶 30 磅重的鱼，围着池边，在驯鲸师之间来回传递。驯鲸师随时都会奖励鲸，所以桶中的鱼不能断。

表演和训练结束后，"送桶队"依然不能闲着。每年到了特定时期，表演变少时，我们会趁着空闲，按平日所学，打包虎鲸的每日用餐。我们需要把不锈钢桶擦洗干净。鱼鳞和"黏糊"（一种由于鱼和鱿鱼被碾碎成小块而凝固成的泥一样的、粘满细菌的污垢）积在桶中，清洗不干净则会滋生臭虫，危及虎鲸。因此，每一片粘在桶壁上的鱼鳞都必须擦洗掉。洗净后，漂白，放外面晾晒，主管会对每只桶进行检查。

最初的兴奋很快过去，生活进入了某种一望到头的循环。一天晚上，擦洗完桶后，我拖着疲倦的身体坐下，不由得问自己："这就是你努力通过游泳测试得到的回报吗？冻鱼、装鱼，哪个人不会啊？"我已经顺利进入虎鲸馆工作，可从未想过会有这么多枯燥费力的体力活儿！实习生还要经常穿上潜水服，打扫泳池，或是把游客抛入水中的东西捡出，以免被虎鲸误吞。

但这项费力枯燥的工作又非常重要。在海洋里，虎鲸能到大洋深处捕食，但海洋世界却没有能够让它们追逐、捕食的鱼群。被圈养的虎鲸失去了自由，却能得到海洋世界的"悉心照顾"。

那时在圣安东尼奥分馆，1000 磅鱼每天很快就能喂完。因此，我们每周还要监测它们的体重，保证它们的身体处于最佳状态。在海洋世界每个池后的浅水区，都有一座巨大的不锈钢天平。驯鲸师训练虎鲸们滑到天平上。滑上来后，它们的身体需摆放到位，一片尾、一块鳍都不能碰水，否则就会影响电子天平显示数值的准确性。数据的精确性控制得非常严格。

如果某段时间，虎鲸的体重突然增长或下降太多，我们就要在它们的日常饮食基础上相应地增减某种鱼类。鲱鱼、鲭鱼、香鱼和鲑鱼体内所含的热量各有不同，我们要参照虎鲸的理想体重值来配比。正因如此，每只虎鲸所需的鱼常常不同，需依年龄、季节、运动量以及妊娠等不同情况进行计算。在加利福尼亚分馆，为避免鲸脱水，在为其提供的饮食中还会加入鱿鱼，因为软体动物体内含有大量水分。但虎鲸讨厌鱿鱼，即使身体健康时也不愿食用，因此要训练它们慢慢接受。

驯鲸师们会训练虎鲸"用餐的礼仪"。进餐时，它们需把头抬高，把下巴贴在池壁上，而且不能拿食物玩要。有时，若鲸的体重太大，就需要它们把头部放低，低到嘴巴全浸没在水中为止，然后让鱼沿口腔滑到它们的肚子中去。但这也常常导致它们不听指令（我们称之为"开小差"）。它们沉到水中，拿食物来玩要，就像一个被父母放在桌边吃饭但肚子不饿的小孩一样，挑来拣去，不吃食物而用它游戏。体重较大或过重的鲸的食欲通常不好，它们对进餐没有兴趣，最爱玩要食物。

虽则我学习虎鲸知识的热情很高，但实习生时的学习方式让我气馁，我无法平息心中的少年意气。这儿的待遇——每小时薪资 6 美元，且没有健康保险，更让我义愤难平。但那时，这一切只是激励着我找准时机，以提升自己的职位。

在海洋世界，圣安东尼奥分馆（亦称"得克萨斯分馆"）设备最新，面积最大；奥兰多分馆的虎鲸表演动作精准，曾受过管理层表扬。但综合来看，无论哪家也比不上圣迭戈分馆（亦称"加利福尼亚分馆"）的威望，它的历史最为悠久。

加利福尼亚分馆节目多，对虎鲸表演训练的标准高，对动作的精确性与难度限制更明确，也正因此，那儿的鲸体型最好，表演的动力最强。例如，塔卡拉一直保持着连续鞠躬60次的记录，它的精力异常充沛，表演意愿强盛。相比之下，在得克萨斯分馆，连一只愿意连续鞠躬4～5次及以上的鲸都没有。

那时，虽然还是一名名不见经传的实习生，但我雄心勃勃，常常缠着他人询问加利福尼亚分馆的成功秘诀，并对公司内流传的"加利福尼亚模式"非常着迷。每年，国际海洋动物驯兽师协会都以年会为契机，为鲸新学的动作颁奖。其中，最佳新动作与最高表演奖[1]常花落加利福尼亚分馆，它亦常在最新与最具创造力动作一奖[2]上拔得头筹。得克萨斯分馆和佛罗里达分馆的管理人员常在我们面前评论道：圣迭戈分馆的驯鲸师在应用行为科学方面最为出色，"行为最强"，那儿的鲸表演动作难度最大，节目最多。正因如此，我暗自下定决心，一定要加入加利福尼亚分馆。

尽管拥有海洋世界最先进的设施，但此前，圣安东尼奥分馆从未有人成功跳槽到圣迭戈和奥兰多分馆过，驯鲸师们不得不减少工作量。当然，圣安东尼奥分馆也有着自己独特的优势，这儿是我曾工作过的场馆中最干净的一个，这里的鱼室（为鲸准备食物的地方）先进得无可挑剔，洗净的鱼桶不沾一块鳞片，甚至冰里的鱼亦是如此。圣安东尼奥分馆在照料鲸的生活上做得最为出色，但在其他方面则稍逊圣迭戈分馆一筹。

---

[1]　用于奖励难度较高的动作，如游泳速度、鞠躬次数以及跃出水面高度等。
[2]　这也是主题公园对自己行为科学掌握程度的一个最好证明。

机遇再次从天而降。工作的第二年，一位经理打来电话，圣迭戈分馆恰有一个助理驯鲸师（比实习生高一层级）的空缺。接受完几位高级经理的电话群面之后，我终于得到这个职位。以前，得克萨斯分馆是我唯一了解的地方，但现在，我要前往海洋世界的发源地、整个加利福尼亚州最闪亮的明星公园。生命的新乐章从此展开，我的驯鲸生涯、我的整个人生从此将彻底改变。

CHAPTER
3

第三章　　驯鲸员培训

一到圣迭戈，我便买了一块冲浪板。如所有曾憧憬过加利福尼亚梦幻海岸的人一样，既然已经来了，我也想学会冲浪。不过冲浪从未真正成为我的一个习惯，尤其是我到了圣迭戈分馆，开始和鲸一起在水中工作之后。如果我能够在工作时骑着鲸，为什么还需六点起来去骑一块冲浪板呢？世界上有骑冲浪板运动，但从没有骑鲸这项运动，亦不会有其他工作能让你去骑鲸。

1995年，我来到圣迭戈。来时意气风发，因为我终于实现了自六岁时便心心念念的梦想。加利福尼亚分馆的设备设施在等级和质量上堪比迪士尼，这里称得上是海洋公园中的"扬基主场"——假如你喜爱扬基队的话。

带上所有的行李，我驾驶着一辆破旧的白色马自达卡车——这车是我从U-Haul公司租来的——独自一人从圣安东尼奥来到了圣迭戈。因为付不起沿路汽车旅馆的住宿费，我日夜兼程，一路上用了25个小时。尽管辛苦，但我仍笑得像一个傻子般开心。我的职位升了，时薪也从1993年实习时的6.05美元涨到10.5美元。当我终于置身圣迭戈的天空下时，眼前的美景让我难以置信——万里无云的天空，干燥的空气，成排的棕榈树宛如风景画一般。更重要的是，我知道，这儿不是圣安东尼奥，在加州，我终于可以向大家坦率自己的性取向了。

到达海洋世界后，我激动的心情更是溢于言表。在员工停车场，我遥遥望见一座连接着太平洋海滩、横跨圣迭戈湾的大桥。下车后一直走，最后终于来到我梦寐以求的地方——虎鲸馆。

那天，我先大致熟悉了园区内的风景，然后吃过午饭，休息了一会儿，之后便正式去看虎鲸。圣迭戈虎鲸馆的观众席有6500个座位，比圣安东尼奥（4500个）和奥兰多的都多。鲸的数量也更多（圣迭戈分馆当时有6头鲸，圣安东尼奥只有5头），它们体形更大，给人的印象极为深刻。就这样，那年，22岁的我逃离了得克萨斯汗涔涔的气候，站在圣迭戈凉爽的空气里，带着和儿时一样痴迷的目光望着眼前的一切。到达馆内时，已是训练尾声，几位驯鲸师——罗宾·希茨、丽萨·胡古雷、肯·"皮蒂"·皮特斯以及柯蒂斯·雷曼——正呼唤鲸将下巴搁在池沿。这样的情景让我激动得全身起鸡皮疙瘩，他们可能是塑造我事业之路的人啊！我默默地在心中渴望自己变得和他们一样。

自那天起，我开始了两年与海狮、海象以及水獭相伴学习的日子。两年后我才正式进入虎鲸馆，穿上驯鲸的潜水服，成为一名驯鲸师。最后，我终于能够和虎鲸在水中相处。罗宾、丽萨、皮蒂和柯蒂斯以他们鲜明的个人风格以及专业知识，教给我很多书中学习不到的知识，正是从他们那儿，我学会了骑鲸，也学会了如何驾驭自己的生活。

所有的骑鲸动作中，最振奋人心、最危险之一的莫过于"水中跳"。这一动作难度最高，危险系数最大，非经验最丰富的驯鲸师没有机会学习和表演。这套动作的大致流程是：驯鲸师先骑在虎鲸背上俯冲至池底，而后迅速冲回水面。出水的一瞬间，虎鲸将驯鲸师抛入空中。动作的目的在于驯鲸师完成一次深潜，且中途不得被鲸压在身下或撞到。出水后，驯鲸师被抛的高度，依鲸的大小各有不同，一般为 30 英尺，约相当 10 米跳板的高度。因此，表演一旦发生差错，后果十分严重。职业生涯中，我做过不下千次"水中跳"和"火箭跃"，那种感觉无与伦比，不过前提是万事顺利。

其实，在获得"水中跳"的资格前，我已在紧锣密鼓地做一些前期准备。到圣迭戈后，我特地找到南加州大学（USC）校队的跳水主教练，跟他学习跳水。先是练 5 米板，然后是 10 米板，无数次训练只为适应跳水的不同高度和找到正确的入水姿势。我告诉教练："10 个月后，也许我就需要和鲸一块儿跳了，所以我想先自己练得更好一些。"我的样子那样自信，仿佛已然得到资格一般。如今想来，也许那是太过年轻和天真的缘故吧！

每一头鲸的身体和性情各有不同，要和它们一起"水中跳"，没有几个月甚至经年以上的共同磨合，是难以做到的。训练中，每一位驯鲸师都有一只自己惯用的"优势足"，踏在鲸的吻突，通过它掌握平衡，控制脚下压力，向鲸传递信号。鲸的皮肤如玻璃般光滑，但我们除了黑色的袜子外，没有其他特殊的足部穿戴或设备可用于掌握平衡。有段时间我们尝试过潜水靴，但最后还是用回了袜子。

我的"优势足"是左脚。绝大多数驯鲸师都用右脚来控制自己压在鲸身上的体重变化、改变身体方向，从而控制鲸。驯鲸师通过双脚来提示它速度的变化：当双脚紧紧踩在吻突上时，鲸为正常游速；当放下一只脚，轻拍三次，则是加速的信号。脚就像是变速器，不过要变速的不是车子，而是虎鲸，变速轮则是驯鲸师的身体。

　　做"足推"时，我需要肚子朝下，浮在水面，脚放在鲸的吻部，鲸推着我向前游动。鲸可以敏锐地感知我身体的位置，当我向上弓背、扩胸、张开双臂时，它便明白该完成下沉的动作了，于是便推着我的脚，下沉到水中。驯鲸师控制着游向，与鲸一起游到最深处。这个深度在圣迭戈时最深是 36 英尺，在圣安东尼奥时则是 40 英尺。顺着一个固定的角度，虎鲸推着驯鲸师向下，到达池底时，人恰好翻转过来。然后继续前进，朝池底的排水管游去。重达好几吨的虎鲸最快能以 30 英里的时速推着驯鲸师前进。

　　随着身体下降而来的巨大水流不仅挤压着你的身体，也摧残着你的听觉。前进时，声如雷震，毫无温柔可言。你可以确切地感受到水流在重重地挤压着你的身体，在你的耳内搅动。有时游着游着，总有一丝怀疑闪过："如果完不成动作怎么办？如果受伤怎么办？"

　　但是，强大的水压会迫使所有的犹疑从你的脑中消失。因为你正头朝下，朝着池底快速下降，要上返时，必须清楚地记得转身时的确切位置。如果来不及转，身体就会朝着玻璃或舞台冲去，跳水表演就会变成一场粉身碎骨的悲剧。这样的错误，脆弱的人类是承受不起的。曾经多少驯鲸师因此摔断脖子与背，不得不因伤退休。想到这些时，肾上腺素就会随着你的恐惧与不安的预感而飙升——但这里没有想或不想，不存在任何讨价还价的空隙。

这样，你所有的注意力又回到脚下。"优势足"踏的位置需非常准确，否则一旦滑落，便会粉身碎骨。转完身后，水压更大。如果说下跳时的水压仅是刺耳，那上返时的水压可说是如一辆呼啸的火车临面。盐水激着脸和眼，什么也辨不清，怒吼的涛声如一部场面宏大的动作电影的音效。不妨想象一下，自己站在地铁月台上，火车在头顶呼啸而过，整个天花板都在颤动，除了轰隆声，什么也听不见——这是最贴切的描述。

出水后，人上跃的速度需要比想象中更快。必须抓准时机，在鲸将你抛出时，从它的吻部纵身上跃，在空中翻着筋斗，穿过圆环。当你的身体在空中飞跃时，鲸也正在下落，而后，人与鲸一起返回水面。

"水中跳"和"火箭跃"（一种和"水中跳"相类似的表演动作，其不同在于，出水前驯鲸师需站在鲸的胸部而非吻部上）是虎鲸馆"人鲸和谐"的巅峰。两套动作是海洋世界一代代驯鲸师以及一代代鲸共同奋战、不断改善的结晶。这些鲸许多都已死亡，永远地留在了这里。在人与鲸依然能够在水中相处的年代，我很幸运能跻身其中。但是，随着生活经验和工作经验的不断积累，我却发现奇迹般表演的背后，它的逻辑是浅陋的。悲剧不断发生，"水中跳"一类的动作被一再削减。所有我描述过的动作——那些震撼人心又极度危险的动作，都已经成为驯鲸师节目单上的历史。回望一切，我无法掩饰自己的怀念，却也不得不承认自那以来所获得的成长。

我怀念的是这种人鲸和谐表演的独特构思。人们不应该忘记，曾经我们也能与虎鲸友好同游；人们不应该忘记，曾经，在一代代驯鲸师的不懈探索下，我们积累了不少对于虎鲸的认知，并耐心说服它们与我们合作表演。

那么，驯鲸要怎么开始呢？

首先，用手拍水。

拍水是一种点名的方式。训练鲸对拍手做出反应是驯鲸的基础。这一反应需不断强化，与此同时，还须训练鲸听哨声，使其做出相应的正确动作及舞蹈表演。要想和鲸一起工作，先得学会让它们来你身边。它们的认知能力很强，即使驯鲸师不在水中，它也能认出谁是谁；它们还能辨别池边的陌生人，知道必须讨好谁可以得到奖励以及最喜欢的游戏。讨好它们非常重要，它们和你一起工作，因此必须使它们了解你的身份和重要性。

驯鲸师和鲸——即使是已能正确完成一系列动作的成年鲸——之间，仍必须通过不断地互利互惠构建起强大的羁绊，了解彼此的极限。他们对对方的了解必须是对等的。例如，鲸必须清楚驯鲸师单次呼吸的潜水时长，这样才能做出相应的调整。最为关键的是，鲸必须得认识到，驯鲸师不仅仅是会奖励它们小鱼的人，更是能起积极作用的一分子。驯鲸从来不易，因此，你必须要有足够的耐心，让它们慢慢走进你们之间的羁绊。

拍水点名看似简单，也需反复训练，而且，这只是第一步。在反复的训练、不断设置反应条件以及不断联想的过程之中，驯鲸师和他的手，在鲸的眼里，能被视为指挥棒，指挥它们按设定动作行动。通过逐渐建立新的关联，这个指挥棒也可用一根在水中滑动的冰棒代替，冰棒搅动的涟漪中心类似于拍水时的点。积极的强化可训练它们的行为，但强化的同时，也必须辅之以食物或其他它们喜爱的东西作为奖励。反应源可以多样，无论是视觉、触觉或听觉的都可以。在这样细致而漫长的训练之下，到表演时，你的任一信号都可以引导出鲸的相应动作。

训练是一个不断向目标行为靠近的缓慢过程，其最终目的是引出鲸的目标行为，而驯鲸师需做的，就是当鲸正确完成动作时，及时对它进行心理强化。强化手段常为食物，但也非一贯如此，只要所用的"强化刺激"（日常用语中又称"奖励"）是鲸所喜爱的即可。每头鲸都是独一无二的，优秀的驯鲸师应当发觉它们的特性，并进行相应的奖励。

当最终人鲸同台时，驯鲸师发出的每一个信号不仅会成为引导鲸做出特定动作（如空中旋转、鞠躬、沿池边快速游动等）的途径，也能成为窥视它们精神世界的一扇大门，更能用来探索蕴藏在它们身上的古老智慧。

海洋世界并不要求实习生掌握驯鲸所需的全部行为心理学知识，只需在两年的训练后掌握即可。即使如此，两年后，初级驯鲸师还不能下水。一定要经过多年的训练之后，才能和鲸随心所欲地共同完成各种动作。

虽然作为实习生需要学习的技术知识太多，有时一些知识让你觉得无法完全领悟，但是，只要努力，并不断观察其他驯鲸师的工作，你学到的会越来越多，书本上的艰涩理论也会变得浅显易懂。至此之前，实习生并不需和鲸互动，即使是当他们拎着一桶鱼，被光滑的玻璃表面滑倒，猛冲进水里，被一群鲸热望着时——当然，确切说来，它们热望的是鱼。和虎鲸的任一交流都会成为训练外的行为，驯鲸师们总以这句话向实习生们耳提面命。但对我们而言，明明它们就在那儿，我们却不能和它们交流互动，是多么难受。但是，如果有任何互动让虎鲸觉得做出错误动作依然可以得到奖励，这样的后果我们是承受不起的。

虎鲸是一种投机动物，当与它们接触不多的人或驯鲸师进入其视线时，它们会伺机而动。它们可以敏锐地分辨出哪个是实习生，或者至少可以敏锐地觉察到谁的权威性较小，因此它们常能抓准那人的弱点，做出（通常是）恶意的行为。一晚，当我和塔卡拉完成表演，并以一段骑鲸冲浪结束演出后，我们俩一起游到了后池。那儿，一位实习生站在池子上，等着把塔卡拉关进去。开始，它表现得非常乖巧，把下巴搁在我面前的池沿上，池门在它的身后关闭。关上后，实习生需走到门的另一边用链条将门锁上，以保证安全。但当她刚在门顶跨出一大步时，塔卡拉突然脱离控制，转过身去，用它5000磅的身体猛撞那道未上锁的铁门。这股突如其来的强大力量将实习生从门顶震落。幸运的是，那位年轻的女实习生上肢力量较大，她紧紧地抓住门顶的扶栏，没有跌入水里。意识到没有得逞后，塔卡拉游回我身边，又把下巴搁到池沿上靠着，仿佛整件事从未发生过、它对整个世界都毫不在乎一样！但门的那边，实习生已吓出眼泪。这一事件正是虎鲸作为捕食者，本性中深植投机主义的体现，它们能在善恶之间飞速切换。因为它重视与我之间的羁绊，所以我能幸免于它的恶意，但门上的实习生却不能。不敢想象，倘若塔卡拉真把那位女实习生震落水中，会发生什么。

来到圣迭戈分馆，意味着我在追逐梦想的过程中又迈出一大步。但是，在最终获得训练虎鲸的资格之前，我还需在实践中，学习行为心理学的基本原理，并在理论之外，通过与海狮和海象的相处，向老板们证明我掌握了这些理论。我要让他们知道，我不仅了解动物训练的基本原理，而且还能将它们运用于商业实践，用动物表演让观众大吃一惊。我必须要让主管们明白，我不仅可以完成他们的期待，还有天赋去完成更多。每一种动物都有着它们独特的癖好，每一种癖好都能从不同的方面教会你耐心。谢谢海象和海狮，从它们身上我受益颇多。

想要驯鲸，驯兽师不能从"给桶里装鱼"直接一步跃至"骑着虎鲸冲浪"的阶段，更不用说跳到水里，和一只年龄比你大、比你聪明的8000磅的鲸一起游泳。但经验是可以迁移的，从小动物身上学到的东西，可以用于训练如虎鲸这样的大型危险捕食者。虽说如此，但海狮一点儿也不小，它平均重500磅，有些甚至更重，同样难以对付。巨大的獠牙，庞大的体重，无论是在风度还是体形上，它们都足以让圆滚滚、慢吞吞的海豹相形见绌。而且，一旦被惹怒，它们的脾气也更大，会奋力地挥舞獠牙，狠狠地咬你一口。

海象的体形则更大，接近1000磅。当我来到圣迭戈时，由于10年前一场九死一生的溺水事件，驯鲸师已被禁止和海象一起下水。10年前，一只海象，不知是因为太过贪玩还是太过好斗（这一点没人能确定），抓住一位驯鲸师把他死死地按在水中很久。当我来到这儿时，我坚信驯兽师可以——而且应当——与海象重返水中，我们甚至为此发起了一场请愿。这是一个惊心动魄的过程，需要面对大权在握的行为审查委员会。他们审查公司内的训练政策，负责对所有驯兽师的训练行为进行微观管理。我直抒胸臆，向他们勇敢陈述，园方必须降低对海象的戒备，让驯兽师再次下水，只有这样，当再次有人不小心滑落水中时，才不会发生类似的强制溺水事件。委员会接受了我的观点。就这样，在23岁的前夕，作为一名复兴危险训练项目的驯兽师，我被载入了海洋世界的史册。也正是因为我拥有这样的事业心与远见，他们最终选定我进入虎鲸馆。

除这些外，海狮和海象还教会了我一项更为精妙的技能，一种让我感恩万分的能力——实践经验。每一头海狮和海象都独一无二，这要求驯兽师与它们建立独一无二的关系。随着我训练技能的精进与经验的积累，我甚至能感知每一只海狮与海象脑中的想法。两年后，这种能力甚至成为我的一项近乎本能的技能。

两年的海狮馆工作使我的阅历得到了增长，不仅如此，这段经历也常常令我怀念，因为我爱这些和我一起工作过的动物们。时间流逝，我注意到圈养生活对它们的影响渐渐明显。由于必须在坚硬的水泥地板上而不是自然栖息的沙滩上表演、生活，海狮们患上了严重的关节炎。过滤设施越来越陈旧，长期在氯化后的盐水中游动，海狮们大都患有眼盲。毕竟，这些设施自20世纪60年代后便少有更新。这些我当初观察到的现象，直到很多年后才在我的意识里渐渐清晰。那时，我还以为这些不过是时光流逝的无情和动物们年龄渐增的无奈，根本没意识到是海洋世界的理念出了问题。

在海狮馆的日子里，我常伴在许多我崇拜的优秀驯兽师——如格雷格·斯特赖克、塔莎·柏格登以及多恩·奥特金等——的身边辛勤工作，从他们身上学会了不少技能。我亲眼见证了他们对海狮的爱，还有他们与海狮间建立的高尚而深刻的训练情谊。即使这里并非虎鲸馆，我依然十分开心。正是在这里，我学到了行为心理学的理论并进行实践，磨练了我的训练技术，打好了未来成功的基础。相比得克萨斯分馆，加利福尼亚分馆的训练理论与实践根基之深，在海狮馆里亦可见一斑。这儿的驯兽师对细节精益求精，追求动作的精确及在表演时展示的完美程度。正因如此，这里的虎鲸表演动作更多，动作的难度标准更高。

训练海狮的两年间，我最妙的一次经历当属和赫拉克勒斯（Hercules）

一起工作。它是海洋世界从美国海军那购来的一头被淘汰的军用海狮，它本被军队用来回收几百英尺深处海床上的弹头。但有一天，当赫拉克勒斯潜到一定深度后，拒绝再往深处去。明确的拒绝态度让海军觉得它再无用武之地，因而它被卖给海洋世界。将其带到海洋世界前，我们必须先驯服它。我与另外一名同事被选中，前往海军驯服赫拉克勒斯。一到那儿，赫拉克勒斯就遵循一向的训练习惯，跳上海军星座（Zodiac）船队中的一艘，和我们一道驶往公海。之后，我们还去过多次，一起在公海上练习了许多动作。训练结束后，它被送到圣迭戈分馆继续接受训练，迎接表演。能够将一头动物从最初的一无所知状态训练到对表演轻车熟路，于我而言，既是机遇，也是挑战。

这里的工作非常有趣，但是，从我成为驯兽师之日起，我对虎鲸馆的强烈向往已是整个海狮馆公开的秘密。当上驯兽师，我就能获得高层次的、与虎鲸零距离工作的资格；只有达到这个层级，我才能真正地与虎鲸一起下水。为在最短的时间内升任驯兽师，我拼尽一切。现在，前路终于在向我招手，但想踏上这条路的人并不止我一个。平均每过一两年，管理层都会从各个动物馆选拔驯兽师进入虎鲸馆，而我的名字在这份选拔名单上并不靠前。

在海狮馆，有的驯兽师曾苦苦等待十年，终没能等来一个前往虎鲸馆的机会。尽管概率很小，但是，看到有的驯兽师对此兴趣寥寥时，我依然十分惊讶。我曾与不少出色的驯兽师共事过，但他们对海狮馆的工作似乎十分满意，不想再转往虎鲸馆。不过对我而言，与鲸共事才是成功的标志，它是儿时我对自己、亲人和朋友郑重许下的诺言。

幸运总是不期而至，选拔进行的同时，几位驯鲸师意外离职，虎鲸馆一下子出现好几个职位空缺。我成了十多年来为数不多的跨过海豚馆、直接从海狮馆被选入虎鲸馆工作的训练员。此前，海豚馆是几乎所有前往虎鲸馆驯兽师的必经一站。我想，也许是管理层对我在海狮馆的表演十分满意的缘故吧！

与此同时，我最好的朋友和室友，在海豚馆工作的温迪·拉米雷兹，也被选入虎鲸馆。我们俩年龄相若，出身相似，她来自俄克拉荷马，我来自得克萨斯。就像新生入学，有朋友相伴，能让人心中生出几分安慰。虎鲸馆里要学习的知识与技能浩如烟海，所幸我们有彼此的相伴。虎鲸危险重重，尽管热爱它们，但与这些重达几吨的动物相处，我们的工作方式总会给我们的身体留下新的伤痕，好在有彼此的安慰和支持，我们才能一路走下来。前方的路荆棘密布，如果没做好承受打击的准备，虎鲸馆很快便能给你结结实实地上一课。

自然环境下，每只鲸对自己在家族和鲸群中的地位和优先权清二楚。但在海洋公园里，这一等级体系在被解构的同时，也在被放大。以我多年的工作经验来看，圈养环境下的虎鲸是智慧和情感的超级综合体，它们是一种敏感而多疑的动物。它们就像一群歌剧女主角，极度渴望舞台的聚光灯，对驯鲸师和其他鲸之间的亲密嫉妒心极重。它们与海狮不同，海狮虽然性情暴躁，但它们并非海洋食物链的顶点。可是，没有其他动物敢以虎鲸为猎物。因此，它们清楚自己站在了金字塔的顶端。

驯鲸前要先驯海狮和海象的现实原因在于，尽管它们体形巨大，但它们的性格与人类依然相去不远，因此，工作时的紧张程度不是很高，即使海狮情绪失控，它最多会咬伤你，而不会杀人。但如果一头虎鲸暴怒了，并打算将其全部的愤怒发泄在你身上时，悲剧发生的可能性将急剧上升。

以驯鲸师度完假后再度开始工作为例，他不能直接跳入水中，立刻带领一头鲸开始工作，而是必须先与鲸保持一段时间的"尊重距离"，站在池边，望着它，对鲸展示足够的关心，仿若他从未离开过一样。这并非是因为鲸健忘，会把驯鲸师忘诸脑后。实际上，我不认为鲸真的健忘。

你的所学在实际中是否始终可行，并无保证。动物训练部有不少人尽管能默记书中的每条守则，熟悉每一个心理学理论及行为准则，但在实际面对动物时，依然不知如何发挥理论的作用。动物是善变的，根据眼前环境的变化和教科书中所讲的那些简单情景中的不同刺激因素，鲸甚至会做出一系列矛盾行为。驯鲸师面对的不是一本一成不变的教科书，你要在一只会"自由思考"的动物面前，在一个不断变化的情境下做出行为判断。必要时，你还必须改变和调整自己的行为抉择，以适应眼前的情境。对鲸可能关心的每一样事物，驯鲸师都必须谨慎对待。

在海洋世界，我的所学几乎都由其他驯鲸师传授，这些知识代代相传，我们更愿意给它添上一件科学的外衣，称之为"行动主义者的知识"。做训练计划的时候，我们的每一步都设计得非常细致而复杂，犹如工程师手中的作业图或化学反应式的图解。但是，一旦实践，细致、复杂的设计就会变成魔术般的表演。

作为驯兽师，我们必须遵循行为学原理，慢工细活，一个"把戏"、一个动作地练，然后，当正式表演时，再把这一整套串起来。这些训练知识经受过反复的检验，散发着科学的光芒，它们不仅有对实践的总结，更有理论的支撑。直到今天，我依然觉得以"把戏"称呼这套精心编排的训练太过轻佻，因为这和我的核心理论相违背。

下水前，每一步的训练都必须先细致地列出。我们必须要为训练设定标准：鲸在上跃时，多高才算成功；头部出水时，它们的眼睛应望向哪个方向。我们甚至还需对训练本身做出设计，而且每一步都必须细致记录，比如，驯鲸师应站在哪儿，手放在什么部位，眼神如何交流，怎样指挥鲸前往指定的水池等，不一而足。而且，因为鲸能观八方，每一个动作指令下达时都不能有任何外部干扰。例如，它们能感知桶里是否有鱼，能根据你是否奖励它们来判断你的指令是否值得一听。因此，桶内无鱼时，你不能在它们面前摇桶。

驯鲸的成功之道在于，首先你需要耐得下心来，其次，还需要对每一头鲸都有细致入微的了解，这两点具备后，你几乎可命令它们做一切。例如，鲸会追逐并猎杀误入海洋公园的海鸥，我们就可以训练它们。首先，清理池中的海鸥尸体；其次，教育它们不得将尸体撕碎；最后，如果到达及时，在鲸的利齿还未咬向海鸥时，想方设法让它们放过海鸥，让这些倒霉的海鸥能够侥幸毫发无损地离开。

作为驯鲸师，我不喜欢被人视为一名表演者，更讨厌海洋世界要求驯鲸师在表演中跳舞的规定。我以为，作为驯鲸师，精力就应放在鲸身上。当然，我也不否认，最优秀的驯鲸师的工作是艺术性和观赏性兼具的。在海洋世界，每一个训练动作——即使是最简单的——也包含着很多步骤。将每一步无缝衔接，就堪称一门艺术了。我曾多次研究我最喜欢的同事们的表演视频，这些男人和女人不仅能将这些累活做得很好，而且还能够将整个指令都糅合成一套流畅的表演。

虎鲸接受指令时非常用心，因此，它们对最初接受的训练往往印象最深——当然，也包括最初的错误。一旦最初的指令训练出错，要想纠正极为困难，这只会惹恼它们。正因如此，教授新动作时，每一步都必须细致计划，严谨执行。卡萨特卡对驯鲸师的要求极严，你一旦导致它出错，它会马上为你指出。卡萨特卡是我最钟爱的搭档塔卡拉的母亲，我曾与塔卡拉一起在圣迭戈和圣安东尼奥工作过。卡萨特卡、塔卡拉和奥吉（Orkid）对人类的错误更是不能容忍，因此只有经验最丰富的驯鲸师才能与它们一块儿训练和表演，尤其是在水下。

在水下，经验丰富的驯鲸师们通常以小组展开工作，每组分配的鲸一般不超过三头。但是，因为每一头鲸的性格都十分复杂，都拥有自身的特殊需求，所以这一工作从一开始就难度很大。例如，在卡萨特卡所在的小组中，驯鲸师们花在它身上的时间与精力要多于其他鲸，因为它是一头会捍卫自己地位的雌性头鲸，是整个海洋世界里在水下工作时最危险的鲸。假如与它同组，我必须保证自己与它度过的时间足够多，以巩固彼此关系，相互信任。

但幸运的是，在圣迭戈，我碰到的第一头鲸是考基。它曾为电影《杀人鲸》奉献特技，是一头娱乐"名鲸"。它喜爱开足马力的运动，总渴望游得更快。与它相处，与其说是我训练它，不如说是它在训练我。它总是极为耐心，这令我分外感激。要知道，作为一头刚 30 岁出头的 8200 磅雌鲸，它是世界上最大的圈养雌鲸，绝对算得上是一代传奇。

在此之前，考基对书中列出的每一个表演动作都已熟稔，并与不少新手一道合作过。而且，它还有自己的一套特殊的训练新人的方式——温柔。它似乎能从我们抚摸它的动作里感知到我们的信心程度。如果你是一个第一次表演"水中跳"的新手，它会只游到水下20英尺就返回水面，完成整套表演。在将新手驯鲸师抛入空中时，它的动作也会相对更加温柔。

当你因为它的高度配合而信心倍增之后，它也能从你触摸它身体的手或脚的坚定程度，或是你身体的摆放位置而感知到你的变化。只有这时，它才会带着你，冲到池底36英尺的深处，然后用它巨大的尾鳍在水底加速，飞速上游，如离弦之箭般漂亮地跃出水面，将你和自己的身体送入空中，给驯鲸师堪称完美的烘托。

海洋世界一直向驯鲸师们灌输一种理念：鲸之所以能听从指令，是因为它们有驯鲸师们建立起的嵌合式心理强化，而强化的主要载体就是食物。这一无情却诚实的观点来自于行为主义的教条：刺激不仅可引起动物的特定表现，还能被用于观察和量化这些表现。这种实利主义理论个出意外地忽略了鲸的内心世界，并且不认为这方面可以划归到科学的命题里，鲸在想些什么，只能任凭人们想象。他们认为，假若没有驯鲸师一步一步、费尽辛劳与鲸排练的这些舞蹈，并辅之以食物及其他奖励的不断强化，就不会有海洋世界的奇迹。

但是，优秀的驯鲸师必须能窥进鲸的内心，以理解它们的每一步行动。例如，考基对新人的温柔完全是出自本能，试想，世界上又有哪种有形的奖励可鼓励它调整自己的行为，做出只能被人类理解为对新人的"善意"

表现？这难道不是它性格（personality）中的谜团吗？即使它并非人类（person）。

我能感受到考基的这些美德是因为我曾与一些脾气暴躁的鲸合作过。以克特为例，它曾被多次转手，一生的大部分时光都在得克萨斯分馆度过，之后又在俄亥俄分馆（2000年12月关闭）短暂表演，现居于圣迭戈。与考基一样，它也是"教练鲸"，但它被训练得很差。由于新人的经验不足，常给克特强化一些错误的指令和标准，久而久之，它变得懒惰。对指令的完成只求蒙混过关，得过且过。但是，即使是不完美的动作，完成之后依然能够得到新人的奖励。但这样的不完美对于海洋公园来说可绝不是什么好事，一个错误的动作，或是几英寸的误差，都能酿成惨痛的悲剧。而这样的悲剧，我曾遇到过。

一般而言，完成"水中跳"后，大多数鲸都会本能地选择另外一条路返回水中，以避免撞到驯鲸师，但克特不会。2009年，我与它在圣安东尼奥分馆进行一场夜晚表演，入水时，它7500磅的体重像钻子般压在我背部的中间，正好落在脊椎上，顿时，我听见了背部骨头碎裂的声音，就像是脊椎按摩师按压在脊椎上发出的那种声音。我着实吓了一跳。

水下，我把双手放在它的头上，以防它露出獠牙。然后，我用双手紧紧抓住它的吻部，这恰是让它送我回舞台的指令。但那时，我整个人都趴在它的背上，根本不确定自己是否还有爬上舞台的力气。幸运的是，我的全身关节尚能自由活动，只是本来很紧的背部感觉越收越紧。表演结束后，我请求一位驯鲸师为我拉开拉链，查看背上伤势。脊椎附近，分明地印着一块圆形的伤痕——那是它吻尖的印记，看起来就好像有人拿一个大酒杯在我的背上扣过一样。

之后我就去看园内的医生了，因为我感觉背部已经骨裂，所幸没有。但那时我已经进入职业生涯的第二个十年，全身早已被鲸撞得伤痕累累，与克特共事只会让我的伤势雪上加霜。还有一次，克特和我差点发生悲剧性一撞。当时，另一位驯鲸师没意识到我还在池里，就开始命令克特直冲过来。我拼尽全力才得逃脱，简直九死一生。

被鲸撞后，驯鲸师在水中训练或表演时都会留下后遗症。我知道，克特并非恶意攻击，它只是懒惰，缺乏注意力，这也是长年的错误指令在它身上积累强化的后果。设若它真的心存恶意，伤害我也无需任何理由！

驯鲸师们常在一起讨论"建桥"（the bridge）。对我们而言，这不仅是一个专业词汇，更有着特殊的美丽光芒。对我们这群在海洋世界中日复一日与虎鲸相伴的人来说，所谓"桥"是指，鲸接受指令并做出正确反应后得到奖励的这一个时间段。奖励的形式可为鱼、轻抚或是其他任何它们喜欢的东西。总而言之，"建桥"的手段多种多样，其中最明显的就是挂在我们脖子上的哨子的响声。但是，触觉（抚摸它们）和视觉（以手相指或将手举起以吸引它们的注意）也可"建桥"。水下干扰器发出的"紧急音"也可算作"建桥"工具。所有这些对鲸而言，都是赞成与奖励即将降临的信号。这些信号发出后，鲸通常会撤回驯鲸师身边，任何来自驯鲸师的抚摸，甚至轻微得如一个吻，都会被鲸视为一种"桥"。通过这座桥，它们能够明白，自己的行为是否正确，是否已与驯鲸师"建桥"成功，获得了奖励。

对驯鲸师而言，胸前的哨子就是"桥"的象征。它绝不仅仅是一个工具，更是地位的标志，是个人能力水平的象征，是对你已经成为世界上一小部分能够驯鲸、能解鲸心中所想的人的一个证明。我的第一枚哨子是在得克萨斯分馆当实习生时获得的，但那更像是对辛苦实习生活的一个安慰，而非对我的肯定，因为那时我人微言轻，尚不能和鲸直接接触。我最珍爱的一枚哨子是在圣迭戈分馆得到的那枚，那时，我对行为学理论和实践工作都已熟稔，和虎鲸的互动交流也十分顺畅，所以获得了这份奖励。记得拿到哨子的那天，并没有任何典礼仪式，只有一个人交给我一个盒子，对我说："从今天起，这就是你的'桥'了！"

在我的职业生涯中，我辗转三家虎鲸馆，拿过两枚哨子。哨子曾帮我脱离过生死危机，这是因为它不仅是一枚哨子，更是"桥"的象征，里面封装着你对鲸说过的每一句"干得漂亮"。因为鲸很有可能抓住哨子，把你拉下水（这样的悲剧曾经真实地发生过），所以这个哨子被系在一条连在"O"形橡皮环上的勋带上，挂在脖子上。O形环易被拉断，这样一来，当鲸大力地拉扯哨子时，橡皮环必然会崩断，这样就避免了驯鲸师被鲸带进水里。

哨子、勋带、O形环，3个相连，仿若一串人死时挂在脖子上的念珠，它从侧面提醒着你，和鲸同事，是一件多么危险的工作，死亡会来得多么突然。

虎鲸需要食物，鱼是最主要的奖励。驯鲸师之所以在鲸面前有权威，是因为鲸知道，他们是它们唯一的食物来源。但鲸想要的，绝不仅仅是几条鲭鱼或鲑鱼。

奖励理念方面，加利福尼亚分馆走在各分馆的前列，已超出食物奖励的范畴。这里的驯鲸师相信挑战的作用，因为鲸具备接受挑战的智慧，我们要做的，就是让它们展现出来。圣安东尼奥分馆虽也偶用抚摸或游戏时间等次级强化方式，但绝不会考虑或在同等情况下使用加利福尼亚分馆的做法。加利福尼亚分馆始终教导驯鲸师，以食物之外的方式强化反应不仅是可行的而且是可赞的。在这里，鱼并不被经常地用于训练、表演以及水下工作等环节的人鲸互动中。对得克萨斯分馆来说，这几乎是不可想象的。

在加利福尼亚分馆，我们将鲸的直接关注点从食物上转移开，这不仅能增强人与鲸的关系，更能提高驯鲸师们的奖励能力，在所有的训练中起到更积极的作用。它能把整个人与鲸的关系提升至另一层次。当然，为防意外，驯鲸师们的身旁仍常备着一桶鱼。

当物质奖励不再是唯一的行为强化方式，鲸就被迫思考更多，通过更复杂的刺激方式与驯鲸师交流。我相信，这一过程能提升它们在海洋世界中的存在感。除此之外，我们也会用游戏时间来进行强化，游戏的内容包括鲸与驯鲸师和其他鲸的身体接触，这能扩大它们对奖励的认知。通过这种多样化的强化方式，这里的鲸行为动力更强，与驯鲸师的合作更密切。

其他分馆的驯鲸师虽对加利福尼亚分馆的做法有所耳闻，但他们大多数于此并不认同。在海洋世界，三家分馆虽同属一体，但分开运营，因此，每家分馆的虎鲸训练方法与风格不尽相同。圣安东尼奥分馆并不认为放弃主要的强化方式（鱼）的刺激，会提高与鲸互动的风险；另一方面，加利福尼亚分馆坚持用多样化的强化方式教导驯鲸师，并认为这样能与鲸建立更深的羁绊，也就是说，这种方式更为安全。

游戏环节、与驯鲸师互动，本身就是一种奖励。就行为学术语而言，任何食物之外的奖励都只能被称为"次级强化"。虽名为次级强化，但并不意味着这种强化不重要。塔卡拉就常向我索求摩挲、轻拍它舌头或握住轻轻摇动，这是它最喜爱的次级奖励。它特别喜爱我按摩它口腔内上下颌交汇处的角落，它对这种奖励方式的喜爱甚至超过了给它喂鱼。有时，完成一个完美的动作后，它还会举起它巨大的胸鳍，示意我握住。当我抓住后，它就侧身在水中游动，直到我放开为止。然后，又游回来，让我抓住另一只胸鳍，重复这一过程。它的母亲卡萨特卡也非常喜欢这种方式。我们鼓励它们完美表演，并在奖励方式上释放更多灵活性。从它们响彻馆内的欢叫声中，可以知道它们有多么开心。

　　游戏满足了虎鲸某些更深层次的需求。那时，我就已意识到，这些圈养的生命，它们的一生多么乏味和枯燥。每晚，它们都浮在一个有限的空间里，而且几乎不能遍游虎鲸馆内所有的池子，而是被限于其中一两个池子里。就这样，它们几乎整晚都只能一动不动，直到第二天训练与表演的到来。年轻的虎鲸精力充沛，好奇心重，当它们意识到自己只能在这样日复一日的表演与例行的事务中度过一生的时候，我几乎能感受到它们心头的绝望。优秀的驯鲸师要做的，就是要尽可能地使它们的生活变得丰富多彩，想象一下，即使是为食物而演，日复一日地吃着同样的鲑鱼与鲭鱼，它们又有多少乐趣呢？比之于人类，这种生活无异于顿顿除了炖鸡胸肉，没有其他！

　　基于多年与鲸相处的经验，我终于明白，虎鲸对指令的遵守来自于多种强化刺激的作用，而不仅仅是食物，这也是要将游戏和创造性互动设为训练课程和行为强化中重要一环的现实原因。设想一下，假如一头鲸从来都只和拎着一桶鱼的驯鲸师一起工作，当遭遇紧急情况，手中无鱼可奖励时，驯鲸师又该怎么做？也许就只能束手无策，听天由命。正因如此，你就需要训练鲸，转移它们对鱼桶的注意。当它们一门心思死盯住鱼桶时，你就需要创造一个更为放松的环境，只有这样，你和鲸之间的关系才能进一步提升。其实，心理强化的方式从来就不是唯一的。例如，塔卡拉喜爱驯鲸师拉着它的尾鳍沿池边游，这对驯鲸师而言是一件累人的苦差事，但它的叫声却非常欢快。虎鲸可以察觉到你的爱，并会在之后回报你。

在水中训练成为一项完全失落的艺术前，请允许我对它的各项要求先做一个简短的记录。要留在虎鲸馆，驯鲸师需达到三个不同的水中技术层级。这三个层级的技术难度逐步提升，每上一个层级，都意味着要对虎鲸有更深层次的了解。

谁能和鲸一起下水，行为审查委员会（BRC）有着最终的发言权。有些驯兽师虽被调到虎鲸馆，但终其职业生涯，也许都没能从委员会那儿拿到想要的水下工作点。加利福尼亚分馆的审查委员会极其严格，甚至对哪一位驯鲸师该跟哪一头鲸下水都有特定要求。他们将水中训练技术分为三个层级，第一层级包含一些最基本的动作，第二层级则包含出水、冲浪、浮窥（鲸的整个身体几乎垂直出水，驯鲸师则抱、坐或站在鲸的身上）等高级动作，只有达到这一层级，驯鲸师才能在演出时将其展示出来。

只有能明确地高水平地完成前两个层级的动作，你才有资格表演虎鲸馆的标志性动作——"水中跳"和"火箭跃"。当然，身体素质是关键。

__海洋世界得州分馆，与塔卡拉的游戏时间（2012 年）
[来源：丹尼尔]

海洋世界得州分馆，一场夜间演出中，与塔卡拉
一起表演"骑鲸冲浪"（2009 年）

并非虎鲸馆的每一位驯鲸师都能达到第三层级，事实上，成功的只有少数。如果达不到，这些驯鲸师最终只能被虎鲸馆淘汰。

随着驯鲸师技术水平的一层层提升，他们在工作中也摸索出自己独有的风格和对策。例如，我和同事间就对一些技术处理有不同观点。在训练一组新动作时，我总是将这些动作变成新的、一个个的挑战，让它们自己去面对，为应对训练挑战，摸索解决办法。我做一组训练，时长一般不超过 10 ~ 12 分钟，但为了表演多样化的需要，偶尔也会相应调整时长。

我的训练风格是以呵护它们为出发点，让鲸知道我始终与它同在。例如，当和我一同演出的鲸在表演中表现出色时，我就会让音乐继续播放下去，不让鲸独自承受加快表演节奏的重担，而我就在身边，与它们同游，并用我的脚去摩挲它的肚子。每当如此，娱乐部的经理们总会在之后不住地抱怨，指责我拖延表演时长。而我则反驳道，我的本职就是要爱护鲸。一到这时，我自己部门的经理总会严肃地训斥我："约翰，你确实得练练与人的沟通技巧了！"但不论是对这话，还是对娱乐部的高层，我都从不在意，我在意的是那些鲸。

优秀的驯鲸师总是会不断地想办法变换自己强化刺激的方式，因为鲸是一种极为聪明的动物，它们能感受到你确实在绞尽脑汁，以适当的方式奖励它们。如果表演一结束，驯鲸师就立刻把鲸调到后池，机械性地往它们嘴里塞上几条鱼，不做任何眼神交流，它们能感知到你的敷衍，并会将此铭记于心。而我在表演后，还常会抚摸它们一下，用眼神致以谢意。这确实产生了很大的积极效果，小小的细节能把你和鲸的羁绊提升至另一层次。我相信这一点，亦始终这般教导我的鲸。羁绊越多，当鲸变得恼怒，事态紧急时，你也能获得更多的保护，能防止它们攻击，或全身而退。当然，不论这种羁绊多强，都不可能防止鲸被性格中的黑暗面控制。海洋世界的历史一再向我们证明，虎鲸的行为是完全不可预测的，更别提它们的攻击。

CHAPTER
4

第四章　　　"倍受人类的呵护"？

虎鲸晚上是如何睡觉的?

在海洋世界,我们会训练鲸以不同的组合方式(一起或单独)来舒适地入眠。通常,在海洋世界的鲸都是一动不动地浮在自己的池面上入睡,但考基与众不同。它出生于大自然,常常会先浮出水面呼吸一次,再沉到水底一动不动地睡3~5分钟,然后再浮出水面呼吸。

我们称它们这样的行为方式为"睡眠",但这与人类的方式绝不相同。人类一躺到床上,便会完全失去意识,深度入睡,但鲸入睡时,只有一半的大脑会停止工作。这是因为在海洋中,海洋动物需保持意识,浮到水面呼吸,同时警觉其他危险的靠近。即使在圈养状态下,当你经过池子,浮在水上睡觉的鲸依然能感知到你的靠近。它们对于周边的一切动静都极为敏感。

在海洋世界,不同的分馆对鲸的睡眠方式安排不同。奥兰多分馆常让所有的鲸共同表演,一起睡觉;得克萨斯分馆总是让所有鲸一起睡觉，分开表演；加利福尼亚分馆则常变化睡觉的分组方式：有时是所有鲸在同一个地方睡觉，其他时候则进行混合配对，让它们在不同的池中睡觉，这样一来，所有鲸都能适应彼此，并获得在不同环境中入睡的经验。还有的时候，我们会慢慢地将它们从同伴身边分开，训练它们独自入睡。

圣迭戈分馆多样化的睡眠安排方式有其现实原因。它能让鲸更为放松，在不受外界压力的情况下，接受同池的其他伙伴，或能独自入睡。那些没有单独入睡经历的鲸，一旦突然与其他同伴分开，就会变得焦虑不安。焦虑会加剧它们的恼怒情绪，引发更多问题。同时，这种训练方式也能让鲸学会面对独自旅行（例如被转运到其他公园）时出现的情况。

但是，训练鲸独自入睡是一项非常困难的工作，因为它们是一群非常社会化的动物。我们的训练只能循序渐进地进行，逐步缩短它们一起入睡的时长，直到把它们完全分开。最终，鲸通常都可以做到舒适地单独入睡。有些鲸对这一状况的接受能力较强，而有些则会因为与同伴分别的焦虑而在馆内发出忧虑的长啸。

鲸需睡多长时间？对此，海洋世界为三所虎鲸馆设置了一条强制性规定：必须保证所有鲸每天8小时的睡眠时间，且睡眠期间不得有任何声响打扰。鲸睡眠时，附近所有的建筑工事都必须停工，娱乐部想进行的表演彩排也必须暂停。每晚一到固定时间，所有的灯光必须熄灭，保证鲸每天有8小时睡眠时间。在圣安东尼奥分馆，当我第二次加入海洋世界时，我已是这儿的一级资深驯鲸师，有权力驳回任何要求，并熄灭馆内的灯光。但有时，通常是馆内的建筑工人（更多时候是娱乐部的管理人员）固执地想搅扰虎鲸的睡眠，这样的行为通常会引发冲突。

我要让每一个惹恼我的人明白，在这时，除了我，他们都没有发号施令的权力。公司有规定，在这一特定情况下，必须以护鲸为重，不得让它们无停歇地表演，以保证它们足够的睡眠时间。即使是高层也明白这一点，因此，在我与娱乐部争斗时，高层们常常跑来站在我这一边。毕竟，公司今天25亿美元的市值并不是靠那几块闪闪发光的装饰片还有几支舞蹈挣来的，而是这些圈养鲸努力的结果。

在海洋世界的运营理念中，最显眼的字眼之一莫过于园内所有的动物都因"倍受人类的关护"而得益。对游客而言，这里的设施看上去令人叹为观止。这里有巨大的鲸池，包括过滤设施在内，圣迭戈分馆所有的鲸池的水加起来共有620万加仑[1]，接近10个奥林匹克泳池里水的总量。圣安东尼奥分馆有450万加仑水，奥兰多分馆则有590万加仑，甚至连"医护池"（一块用于在大型表演区域间转运鲸的较浅的过渡区域，驯鲸师可在此区域看护鲸）也有8英尺深，比一些高端的市内游泳馆的健身泳池还深上几英尺。但所有这些，相比于虎鲸的自然栖息地——大海，只不过像滴水之于鱼桶。这就相当于把鲸放到一个它们的浴缸里，将它们强行挤压成人类体形的大小，以满足海洋世界娱乐公司的牟利需求。

医护池里，鲸想移动一下都难如登天，但是海洋世界的商业表演要求驯鲸师把医护池当成虎鲸的登台区，在这里等待虎鲸馆奇迹表演的呈现。这相当于把一个人困在医生的等候室内，只不过这是一个没有天花板、须

---

[1]　1加仑≈0.004立方米。

把头露在外面受烈日炙烤的等候室。通常而言，表演开始前，虎鲸须在池内等上 15 分钟，表演开始后是 30 分钟，有时，表演结束后还得继续在过渡池里待上 15 分钟，它们巨大的背鳍常常因此脱水，这并非偶然事件，而是鲸的日常。这里一天有 7 场表演，每场要持续 25 ~ 30 分钟，而且有些鲸还必须场场不落。如果无须等候上场表演，鲸大概会被安置在 8 英尺深的医护池里。而那时，游客们也许正坐在虎鲸餐厅池边的餐桌后，一边大快朵颐，一边观看它们游动。有时，我甚至不止一次地看到鲸要在医护池内等上几个小时。对此，我据理力争，向总经理发邮件，援引《动物权利法案》，对把虎鲸放在这么小、这么浅的一个水池内的做法的合理性提出质疑。管理层对我的抗争表示不悦，我抗争失败。

我们无法复制海洋环境。海洋世界目前拥有的 30 头鲸只能在海洋公园的场馆内生存，这里如同海洋的微观缩影。这是一个自相矛盾的帝国：虽然以化学方法处理过的池水比海洋中的水还要纯净，却与鲸的自然生活环境相去甚远；虽然鲸在观众面前欢跃表演，却因为没有足够的空间正常游动而得不到充分的身体锻炼。这些鲸过着寂静、绝望并且令它们极度厌倦的生活。这种厌倦是致命的——无论是对鲸还是人类。

鲸是如此反复无常的生物。同人类一样，它们的智慧和情感是善变的，也许比人类还要强烈。如果你想要一头鲸跟随你、依赖你，那么你必须对鲸的感受保持敏感。如果漠视它们的情感，忽略它们对环境的敏锐感知，不在意它们彼此间的复杂关系，那么这对你来说极有可能是致命的危险。

我与弗蕾娅的那次恐怖对峙由多个原因引起，那是我职业生涯中第一次也是唯一一次真正被虎鲸吓到身心俱疲。对峙发生在法国南部昂蒂布海洋公园，那时我正在那儿工作，那次工作也是我自 2001 年升任圣迭戈分馆资深驯鲸师后的一次宝贵海外工作经历。要了解弗蕾娅攻击我的原因，须先从它和它的儿子瓦伦丁（Valentine）的关系说起。它们之间并不像人类那样母子情深，而更多地体现出一种群落优势。要理解虎鲸的行为，人类驯鲸师必须要对虎鲸种群的社会特性有所了解。

我到法国时，瓦伦丁刚刚 6 岁。它出生在圈养环境下，有巨大的体形，优美的身躯，美丽的头颅，那时，它的背上还有一支高高竖起的笔直的背鳍。弗蕾娅 1982 年在冰岛海岸被人类捕获，那时它虽只有一两岁，但我想，它肯定能记得曾经自由的感觉、每天游动几百英里的畅快，以及没有被紧密的高墙和薄薄的混凝土水池圈禁的日子。

弗蕾娅是头雌鲸，这意味着它有高于其他雄鲸的社会优先权。虎鲸家族是一种母系社会，领头的雌鲸拥有整个家族中最高的权威。以我的观察和经验，在海洋公园，这种权力是雌鲸凭借自己强大的意志与巨大的力量获得的。其他鲸不得对领头的雌鲸说"不"，不得否定它的权力和权威。

攻击前，我刚刚结束和瓦伦丁在后池的训练，弗蕾娅则被分开，关在毗邻的一个池子里。训练中，这头年轻的雄鲸表现出色，很快便掌握了我准备灌输给它的技巧，因此，我决定奖励它一小段水中游戏时间。我俩嬉戏的时候，弗蕾娅在池子那边紧紧地盯着我们。那时，我想，它应该是在欣赏这一幕，渴望加入我们吧！如果它加入，它就能与瓦伦丁互动，这也恰是我们打算让它们适应彼此、共同表演的整体战略的一部分，因为虎鲸妈妈和孩子通常都不愿意一起表演。

我指挥瓦伦丁用吻部推着我的脚，穿过水池，来到锁住弗蕾娅的门前，越过门顶，摸摸它，喂了它几条鱼，这在训练中是我们准备互动的信号。我继续带着瓦伦丁在门前游动，这也是给瓦伦丁的一个信号，暗示它，不管我和弗蕾娅做什么，都会带上它。就这样，我一边和瓦伦丁游着，一边不断地抚摸弗蕾娅，给它喂鱼。

过程中，我与瓦伦丁拉开距离，想让它表演几个动作或干脆一起游戏。同时，我还指令它朝着弗蕾娅的那道门的方向游几个来回，我把脚踏在它的吻部指引方向，或让它用胸鳍推动我来到那道门前。有时，我也会骑在它的背上让它载我沿池边游，然后向浮在门边的弗蕾娅靠近。做这些的目的，是希望弗蕾娅在和我俩一起工作时能更加适应。

就这样，一会儿后，我想它应该准备好一同合作了。因此，我潜下水去，潜到弗蕾娅身边。浮上水面后，我叫岸上的驯鲸师扔给我几条鱼，鲭鱼或鲱鱼都可，这样我能在它靠近时立即奖励它。问题就是从这时开始产生的。

逃脱这次对峙后，我分析了整个事件，终于明白当时弗蕾娅其实是太过愤懑。它讨厌看到我如此看重瓦伦丁，而自己只能闷在铁门后。毕竟，它才是头鲸。之前的训练中，每当我们让它与瓦伦丁一起表演时，它都会一马当先地游在瓦伦丁前面，取代它在水中的位置，占据领先位置。有时，当一位驯鲸师和其他鲸一块儿游戏而它不能加入时，它就会十分嫉妒。之后它们再同待一个水池时，它就会冲上去把这头鲸挤开，抢得驯鲸师的关注。明白这一点之后，再和其他鲸一块儿训练时，我会给予它足够的关注，不仅仅是喂鱼和轻抚，而且更与它真诚地交流。同时，它也逐步地接受了我与其他鲸一起工作的事实，但我们的关系跌跌撞撞，总需要不断修补。

对我而言，与弗蕾娅共事是一个不小的挑战，它总是跳出来提醒着我它的地位，有时，最微不足道的一幕也能把它惹恼。那次对峙（我职业生涯中受到过的最大、最严重的一次攻击）之后，我终于找到与它共事的方法。你或许会说我在训练它，但这样的说法可能抬爱，准确说来，是它让我学会了与它相处的正确方式。处理好这一点后，巨兽也可以变成天使。但现在我终于明白，原来巨兽和天使根本就是一体的。

尽管虎鲸体形巨大，但在海洋世界，人类在面对虎鲸时，也有着一项自己独具的优势——食物。虎鲸对此亦心知肚明。海洋世界对外宣称，食物只是一种为了使鲸在虎鲸馆呈现精彩演出的强化刺激和奖励的手段，他们从未对鲸施加过任何肉体处罚，更未曾因鲸不遵守指令或学习太慢而断绝过食物。宣示中的第一句话是真的，因为要想以惩罚的方式来训练鲸，从体形而言绝不可能，巨大的体形差之下，惩罚训练收效甚微。驯象师之所以可用象钩来让那些厚皮动物听从指令，是因为大象有灵活的四腿，且必须在陆上行走；但若将同样的训练方式行之于鲸，人类无可立足之地，只能下到水中。但水里是鲸的天下。

一个毋庸置疑的事实是，这里的鲸必须依赖人类来获得食物。人类投喂的食物不仅是它们营养的来源，也是水合作用的来源。对于这些大型的海洋动物来说，它们身体所需的水分并非来自于"喝"池子里的水，而是只能从食用的鱼中吸收。虽说断绝食物的做法少之又少，但鲸却十分明白，这并不意味着不存在此种可能。

海洋世界还宣称，不论鲸表演优劣，他们一律投给食物。这句是谎话，因为他们希望公众相信，断食早已成为一种过时的做法。但事实是，直到我 2012 年 8 月离职之前，这样的事仍有发生。据我所知，有好几头鲸的食物就从每天的 180 ~ 250 磅被减到仅 59 磅，而且记录显示，这种情况并非只是某一天的异常，而是发生过多天、多个星期，发生在多条鲸身上。在那整整一个星期，它们并没有得到任何依据体重的、应有的食物供应。

通常来说，食物减量情况无非两种：第一，因健康及用药的需要；第二，鲸自己绝食，任凭驯鲸师如何努力，它们也不肯吃完所有食物。但记录中并未显示这两种情况。这些鲸都是因为行为原因，换句话说，是表演没有达到海洋世界的期待，才没有得到应有的食物。

作为一种报复手段，所有的减食做法都是暗中为之。根据公司规定，驯鲸师有权减少鲸的日饮食量，有时减量甚至超过 2/3，以教训鲸：在海洋世界，谁才是真正掌握它们生存的人。这一做法并不常用，对其效果的记录也不尽相同。但当驯鲸师想强迫鲸合作之时，这确是他们的选项之一。海洋世界对园内每一头鲸的生活、健康及心理状态都有详实的记录，所以驯鲸师为了规范鲸的动作而有的减食行为也都能在文件中一一查证。但是，由于这些"行为矫正"的方式在人类观众看来太过野蛮，所以都成为他们极力掩藏的秘密。如果被观众知道公司为了强迫这些在台上熠熠生辉的明星配合表演而断绝它们的食物，公司形象将会因此受损。但这样的事的确在发生，我本人就曾在主管的要求下执行过这一规定。

如果把类似的情况转换到人类世界，首先映入我脑海的，与海洋世界最接近的机构莫过于监狱，只有那儿的兄弟们，他们所有最基本的生存需要（食物和水）是倚仗于狱警及监狱机关的供给。但对于深爱鲸和责任心极强的驯鲸师来说，这样的比喻让人心寒和沮丧。为何？因为在这一类比里，尽管这些"深陷狱中"的鲸可以选择喜爱其中一位"狱警"胜过其他"狱警"，但他们终究都是"狱警"，都是这台压迫机器的一部分而已。囚犯可以发自内心地去喜欢一位狱警，而狱警亦能够发自内心地去喜爱囚犯，但这些并不能够改变他们"身在狱中"的事实。

通常（但非每次），鲸在发动攻击前，都有一些显而易见的前兆。比较典型的一些预兆包括它们背部肌肉的绷紧、眦裂以及发出某种特别的叫声。它们伏低头部，避开与你的眼神交流或者从你的身边游开，也是一个应当引起警觉的信号。在雄鲸身上，勃起是另一个攻击的预兆，圈养下的雄鲸常因为性失落而攻击驯鲸师。

除这些之外，许多其他预兆是驯鲸师难以察觉的。这方面，海洋世界勤于录档的态度值得称赞。他们将所有的人鲸互动过程记录在册，不仅用于监测鲸的健康，还用于提前判断哪头正处于危机爆发的边缘。我前述的弗蕾娅"嫉妒事件"可以佐证，鲸不仅会因当下的事件攻击驯鲸师，也会因过去的经历或事件而郁积怨恨。

公司要求驯鲸师上报有关鲸的一切。从每一次我们把鲸唤到身边准备开始互动，到投食这样的细节，都需要一一记录。除记录互动时长、互动时的异常情况（其中包括鲸的动作表演的完成程度，正确率或错误率），与鲸互动的驯鲸师名字、喂食量等也需全部记下。驯鲸师是否给鲸做过药物治疗？它们是否表现出明显的攻击或疾病先兆？是否有迹象可以表明它与其他鲸的社会关系正处于转变之中（所谓社会关系转变，用一个常用词来说就是"争吵"，但它的意思更为复杂，常为一个潜在的攻击发生的信号）？进食情况如何？所有这些，驯鲸师需要全部记录。除这些外，还需记录在学习、训练、表演、游戏、关系建立、运动以及诸如收集尿液样本、检查牙齿及其他一些"饲养"工作的过程中，是否有互动产生。我们用一个缩略词"HELPRS"来指代这些互动过程，即饲养（husbandry）、训练（exercise）、学习（learning）、游戏（play）、关系建立（relationship）和表演（show）。驯鲸师须在一张从"0"（行为极差）到"5"（行为极好）的数据表上，为鲸的行为响应能力打分。如果某头鲸在训练及表演中表现极差，其行为会被通报给所有与它一起工作的驯鲸师。连续多次的极差表现意味着这头鲸可能出现了问题，通常是健康问题。

经常查看记录能帮助驯鲸师预判风险。但鲸与园内其他鲸的关系瞬息万变，也是可能引发攻击的原因。因此，驯鲸师须对此常怀警惕之心，确保周边工作环境的安全。因为鲸与鲸之间的关系总在不断变化，前一分钟相处融洽的两头鲸，下一分钟便可能獠牙相向，所以，为将风险降至最低，池边常需要配备一位实习生，他的主要工作，是在资深驯鲸师们不在池边时看住鲸。我刚参加工作时，实习生与驯鲸师们两班互倒，下午4点到午夜一班，午夜至早晨8点一班，以保证能全天候持续监测鲸。但是，在我的职业生涯行将结束之时，夜班盯鲸的工作已全部交给警卫，而实习生则只是在观察到鲸有性行为或者争斗事件发生时，报告资深驯鲸师或主管，因为这些情况会影响鲸上台的安排。

有时，鲸会拒绝参加训练，或在指令发出后拒绝来到驯鲸师身边。如果这是雌性头鲸，那么其他鲸通常会跟随雌鲸，也拒绝行动。毕竟，在虎鲸馆，雌性头鲸有权制止其他鲸的行动，选择跟从驯鲸师一起工作的，将可能被严厉训斥，训斥的方式为用牙齿撕咬，其伤痕看上去如被铁耙耙过一样。有时，鲸的集体内发生了让它们恼怒的问题，驯鲸师也只能束手无策地立在一旁，任它们自行解决，强行压制问题反而会激发攻击事件。正因如此，为了和谐与安全，表演会不时中断。

圣迭戈分馆因为奖励的方式更为多样，平均每年只有两次中断，但在得克萨斯分馆，有些年份甚至平均每个星期都需中断一次。

驯鲸是一项辛苦的工作，成为驯鲸师并不意味着可以免于那些单调无聊的体力活。每个人都需要擦洗一定数量的桶，同时还须每天准备7场表演。虽有辛酸，但这却是我一生中最开心、自豪的一段日子。

这里要学习的东西很多，而且很多内容常让人痛苦不堪，其中一些最重要的内容甚至可能会带来影响一生的改变。看着这些鲸生活的环境，驯鲸师难免会怀疑或失落。公司在监测鲸行为的方面不遗余力，这些甚至被作为他们关爱鲸的重要证据而反复灌输于驯鲸师。当驯鲸师对海洋世界管理方式的信赖产生动摇时，我们只能再一次温习它当初的立园理念，以释解心中的怀疑——公司所做的一切工作都是为了增进鲸这个物种的利益。

对我们很多人而言，驯鲸师是一份理想的工作，我们绝不会为金钱或因惧怕危险而舍弃工作，因为我们热爱鲸，热爱与它们一起工作。当然，我们也会有畏惧，但有这样的畏惧是因为一旦我们对他们的管理方式有所指摘，海洋世界就会把我们从虎鲸馆调走，调到海狮馆、海豚馆甚至鸟类馆。如果驯鸟是你的理想，也许尚可，但它不是我的理想，也不是我很多虎鲸馆同事的理想。更糟糕的是，我们可能会被这个行业完全除名。因此，在公众面前，我们是海洋世界热忱的信赖者，但在私下里，我们时常交流彼此的担忧。

虽然我很崇敬这儿的每一条鲸，但是，我还是不得不将自己的忧虑说出来——因为这些话并非只是忧虑而已。当我在圣迭戈和圣安东尼奥分馆的事业如日中天之时，我便已明白，这些体形巨大的生灵，它们的生命太过脆弱，我们需要付出多少关心才能够保证它们的健康啊！海洋公园里岁月流逝，而它们不开心和身体不适应的症状与日俱增，生机勃勃之象根本无从谈起。

我们之所以如此细致地监测它们的行为以提防攻击，就是因为这儿的圈养条件出了问题。如果海洋中的鲸可于人无害，那么为什么它们一换到圈养环境，我们就要如此恐惧它们的情绪，更要这般担忧被攻击呢？

同时，训练着这群表演明星时，我还意识到另一个问题。这些鲸之所以奋力地在表演中合作，无非出于两个缘由：第一，它们更有机会获得食物；第二，这能让它们暂时忘却枯燥至死的圈养生活。因为，这儿的生活实在太无趣了。

因为无所事事，所以只能表演，说到底，它们只是一群被困于此的囚徒，聚光灯散去后就需回到狭窄的水箱中，有些水箱的水深甚至只有8英尺。它们只能以身体叩门，释放心中的绝望。正因如此，每到训练时，我都会尽量将这一环节安排得丰富多彩，以提振这些巨型生命的精神。这样，它们才能展现出魔术般的表演，吸引涌向这里的百万观众。

让训练变得丰富多彩，让鲸得到片刻的休憩，这也是每一次人鲸互动时的目标。但我们都十分明白，无论我们多么努力，无论训练多么富有创意，训练一结束，它们还是必须回到那个生存的小盒子里，一动不动地浮着，忍受圈养生活的单调，然后被这儿的烦闷逼至疯狂的边缘。这就是海洋世界奇迹背后的悲凉现实。

CHAPTER
5

第五章　　虎鲸的悲歌

人们常将《圣经》中的"利维坦"想象成一头鲸，鲸是身躯最庞大的上帝之作，它巨大的体形让《圣经》不禁嘲笑人类试图战胜它的狂妄。"它向你连连恳求，甜言蜜语吗？它肯与你立约吗？你能驯它永远做你的奴仆吗？"但海洋世界以及世界上所有海洋公园中就囚禁着"利维坦"——虎鲸。它曾是海洋中最伟大的猎手，如今却沦为一群被迫摇尾乞怜的绝望囚徒。

　　在海洋世界位于加利福尼亚和佛罗里达的分馆中都有"虎鲸餐厅"，游客们可通过一面朝向鲸池的玻璃窗，欣赏在水下游动的虎鲸。透过这些透明的隔板，即使是普通游客，也可与鲸近得仅有咫尺之隔。另一面，处在这些封闭的池子后，虎鲸似乎也对熙攘的游客充满好奇，正如人类对它们好奇一样。但是，隔着玻璃窗，人们除了能看到虎鲸，也能看到虎鲸的一些有趣（假如不算古怪的话）的举动，比如咬记号画。

　　它们用自己的牙齿把贴在池子内

墙上的记号画一点一点地咬掉，乍一看，它们似乎是轻咬着池壁或池底，但这其实是它们打发时间、用一些精细活儿来锻炼巨颌和智商的方式。在圣安东尼奥分馆，虎鲸乌娜（Unna）对此更是极为痴迷，直磨得它的上下颌流血瘀伤也不停止，看上去非常恐怖。它把池壁的记号画咬得一点儿不剩，有时到了水下，我会判断不出自己身处的位置，所有用来标明位置的记号画在它的撕咬下集体变形。要知道，面对着馆内挨挨挤挤的观众，在水下与鲸一起工作的驯鲸师们必须及时了解自己的精确位置。他们需在几秒钟之内，从三个大的方形排水管中确定一个，为自己定位，这样当骑在鲸身上时，才能看清前路的方向。谁也不想做三角测量时计算不清，导致冲出水面时一头撞在玻璃上。但是，鲸的咬画习惯让水下定位变得十分困难。特别是乌娜，它把记号画咬得只剩一个印记，好像要自己照着排水管道网的形状和轮廓画出一幅图似的。不得不说，它确实有着极高的咬画天赋。

除咬画以外，它们枯燥的生活还体现于其他方面。它们用脸蹭墙，以头撞池壁，有些甚至会患上如人类的神经性暴食症一样的饮食失调症。也许是太过渴望刺激的生活方式，这儿的鲸还学会了用反刍的方式来打发时光，年长的鲸甚至会把这一恶心的行为教给年幼的鲸。

这些打发无聊时光的习惯给它们的身体也带来一些健康隐患。反刍时，消化液从胃里上涌时入错方向，烧坏了食道敏感的内膜；消化液涌进嘴里时，还会破坏它们因长期在水泥墙上磨来磨去而早已破损不堪的牙釉质。

在海洋世界，几乎所有的鲸都痴迷于在池边、池底以及池台子上磨牙，它们的牙齿都因此受到损坏。有时，有些鲸磨着磨着，牙齿突然折断。有的更甚，对池壁又咬又嚼。长此以往，它们的牙齿上都出现孔洞。驯鲸师可对此一时不理，但不能永远弃之不顾。如不处理，孔洞会慢慢化为脓疮，生出细菌，最终使鲸死于感染。

为治疗它们的牙齿，首先，驯鲸师需根据兽医指示在牙齿上手动钻孔，这也被称为牙髓切除；然后，对钻孔内部进行冲洗，每天对牙内洗上两到三遍，以作预防。这些兽医尽管专业知识渊博，但对如何安全地靠近鲸却一概不知，因此，所有的近身工作，特别是钻牙，都只能由驯鲸师来完成。我们还必须训练鲸对陌生人靠近的适应，这样，兽医才能触碰它们。当然，这也只能在我们把它带到医护池、升高设备层、将其人工搁浅并固定身体之后，才能够具体施行。每当这时，我们会将一块 2 米 ×4 米尺寸的木挡板塞在它们的喉咙深处，这样它们的双颌合不起来，就咬不到兽医。

给牙齿钻孔会让鲸疼痛无比，因此，这是一项非常危险、也非常容易遭到它们攻击的工作，只有经验最丰富的驯鲸师才敢挑战。即使如此，也需平心静气地慢慢行动。对此，读者们可以想象一下小孩第一次去看牙医的情形，只不过在这里，这个"小孩"是一只虎鲸。它们和小孩一样，不明白为什么要做牙髓切除，只知道这个过程非常痛苦。

但这件事非做不可，虎鲸一生只长一次牙齿，所以我们必须不遗余力地保护好它们。如若不然，后果将非常严重。牙齿的肿胀和疼痛会让鲸因不适而绝食，进而引发嗜睡及其他症状，过不了很久就会死亡。因此，驯鲸师需想方设法降低鲸对钻孔的敏感，这可能需要至少几个星期甚至几个月的训练。我们必须慢慢地加大钻头的压力。每加大一次，就给一些奖励，直到把牙洞钻开，让细菌感染的部位清晰可见，最终完成整个钻牙过程。鲸也和大多数人一样，极痛恨看牙医。每次我们向它们的牙内灌水清洗或钻孔时，它们都紧紧闭上眼睛。

凡是进行过牙齿钻孔的鲸，余生的每一天，驯鲸师都需要向其牙齿的钻孔内注入一定量的双氧水，保证发炎部位不会再次感染，同时也可防止孔洞被异物堵塞。平均来说，每只有牙病的鲸需要钻孔并冲洗的牙齿约有10 ~ 14 颗，几乎少有鲸例外。当然，也许是因为个别鲸天性如此，卡萨特卡和塔卡拉的牙齿就很好，它们是鲸里少有的例外。坚固有力的牙齿让它们在上门挑衅的鲸面前极具威胁，若被它们的牙耙伤，一定会落得血肉模糊的下场。

在海洋公园这样的人造环境里，外表的威武凶猛并不能掩饰鲸实际上的脆弱不堪。圈养环境下，极微小的问题都可能引发极严重的后果，而这样微小的问题在这里大量存在。例如，牙腔里生长的小细菌就能击倒这群海洋世界中最顶尖的捕食者，至今已有好几头鲸死于牙齿钻孔后的细菌感染。初代"仙木宝宝"卡琳娜（Kalina，生于 1985 年，死于 2010 年），就是其中之一。此外，还有两头死于蚊虫叮咬，其中一头是佛罗里达分馆的堪度克（Kanduke），它在运抵分馆前已患有圣路易斯型脑炎；另一头是得克萨斯分馆的塔库（Taku），死于西尼罗河病毒感染。两位前驯鲸师约翰·杰特和乔弗里·文特勒在细致研究鲸的死亡之后，在一篇影响颇大的同行评审论文中写道："佛罗里达被圈养虎鲸的背部，常能看到有蚊子活动的痕迹。"但上述所有这些人造环境中的危害，海洋中的虎鲸从不会遇到。

所有鲸中，击水（Splash）可谓霉运缠身，被圈养更是让它意外不断。1989 年，它生于加拿大的一家海洋公园，1992 年被转卖给圣迭戈分馆。

它总是不断遭逢意外，身上常挂着一道道刮伤，那是它不幸命运的象征。一次，它与塔卡拉一起嬉戏打闹，在水中相互推挤，扔起彼此。不幸的是，由于管理员忘记放下池门钩链上的保护套，门在敞开时被闩着。击水在下落时重重地撞到钩链上，下颌被撕下一大块肉，这使它看上去宛如弗兰肯斯坦手下造出的怪物。

除此之外，它还患有其他严重的疾病。首先是癫痫，一种在海洋鲸身上从未发现过的疾病。为控制它发作，我们不得不给它服用苯巴比妥。其次，它还患有严重的消化道疾病，包括因压力过大而导致的胃溃疡。2005年，它15岁时，死于由腹腔炎引发的溃疡穿孔。兽医对我说，他们在它的胃内发现了很多过滤砂，足有几百磅。这些砂子本是用于净化池水与过滤系统的，却因机器故障流入池中。而由于无聊，击水每天待在进水口处，把砂子吸进了嘴里，吞入腹中。在它的每一个胃腔内都有发现砂粒，这让它本已严重的溃疡病雪上加霜。可能正是这些砂粒造成了它肠道穿孔，最终引发腹腔炎，导致死亡。

击水亦痴迷于用牙咬墙，牙齿因在池壁过度磨蹭而饱受疼痛。更不幸的是，一位驯鲸师在给它的多颗牙钻孔时，破坏了它的牙冠。种种病痛，让它成为整个海洋世界中最难预料和最具攻击性的虎鲸之一。经常嗜睡和一身的疾病，让它的性情变得很难捉摸。

可能由于长期服药，它常看上去昏昏沉沉。15岁的年纪，正是它一生中的艰难时光，由于雄性幼鲸性成熟，睾酮和荷尔蒙的分泌激增，它变得更加暴躁。所有的驯鲸师都不愿同这样一头随时勃起的鲸同游！

记得一次与它表演时，我潜下水去，以背部为轴翻了一个身，然后示意它同样翻身，带着我沿池边游动。但是当它游下来用腹鳍附近的肚皮蹭我的时候，我望见击水的阴茎露了出来，高高地勃起，伸出几英尺长。万幸的是，它在主退场区把我放了下来，为此，我奖给它一条鱼。但它完全勃起的状态，却让我不敢再冒险。因此，我示意它游回后池，由另一位驯鲸师看顾，而我则带着另一头鲸，完成剩余的表演。

除此之外，我们之间还有过一次颇为奇异的经历。那晚，场馆内一片漆黑，为营造舞台效果，烟雾机喷出浓雾，锁住池面，更将整个池子笼在一片浓重的黑暗中。按照排演，我本应先与击水在水下游动，游出观众的视线后，再突然从池中央奇迹般跃出。由于灯光熄灭，我只能先让它从后池静悄悄地游到前池，然后再躲在水下沿池边游过来，而我则潜到水中，游过这片黑暗的水域后，和它在池中央会合。因为这时实在伸手难见五指。

在水下，鲸能用回声定位。表演中，它们也常用这一方法寻找驯鲸师，探测前进路径。当它们发出声波时，你能够感受到它们的振动，甚至能听到声波在你的胸腔内回荡的声音。因此，在水下，即使看不见，你也能感知到它们的出现。虎鲸这种定位物体的方式非常精确，这种声呐系统甚至能让它们探知到目标生物的内部器官状况。在海洋里，它们能借此得知正在搜寻的海豹是否受伤，是否已疲倦，因为它们能感知到海豹的每一声心跳和呼吸，从而制定最终的猎杀方略。

但是，那天晚上游过池水时，我听不到，也感觉不到击水发出的声响，它似乎陷入完全的沉默，整个池水内都透着诡异，我想知道，为什么明明有一头5000磅重、性成熟的雄性虎鲸向我游来，而我却听不到，感知不到它发出的声波？为什么它选择沉默？它在做什么？更重要的是，它觉得自己在做什么？

随着我在水中游动，这些念头一一划过我的脑海，我试图探寻隐藏的线索。然后，"嘣"的一声，我和击水在水下面对面相撞到一起。当时我的肾上腺素指标一定打破了纪录！它很可能已经思索着做些残暴的攻击性举动，也清楚我对它的意图没有任何预料。在水池的暗影中，我很感激它的表现，我们顺利地完成了剩余的表演。

击水虽说是与我共事过的最不幸的鲸之一，但好在它有一位无微不至的守护神——雌鲸奥吉。和卡萨特卡不同，奥吉并非圣迭戈分馆的雌性头鲸，但它总是冲在挑战卡萨特卡王位的第一线。由于某种原因，它成了击水的守护神，也是它做坏事时的帮凶。

奥吉长击水一岁，每当击水癫痫发作，如果在池底，它就会把击水带到池面呼吸。发作时，击水的身体失控，对着水泥池壁猛撞。这时，奥吉就会把它从这些坚硬的混凝土墙壁边远远拉开，有时甚至会用自己的身体挡在击水与墙之间，防止它受伤。所有这一切，并没人激励奥吉去做，它只是出于纯粹的关爱。

但奥吉绝非善类，它是圣迭戈分馆最危险的鲸之一。它有着和卡萨特卡一样的智慧和一张更为凶恶的面孔。很多误入公园的鸟类意识到此时，为时已晚。一天，一只鸭子妈妈带着七只小鸭子一摇一摆地走入虎鲸餐厅前方的水池，当时，池内没有鲸。但因为门开着，它们可以有方法进入。看见鸭子下水时，我和其他几位驯鲸师几乎连滚带爬地跑到池边，想确认所有的鲸都已被唤到另一个池，且门已锁好。但还是太晚了，没几秒钟，奥吉就潜了进来，它巨大的身体静悄悄地藏在水下，鸭子们甚至都不知道它就在自己身下等着它们。奥吉张开大嘴，把小鸭子慢慢地吸到水下，吸进嘴中，一只一只吞进肚里，直到只剩下鸭子妈妈和一只小鸭子。虽然身躯巨大，但它却能做到如此不动声色，神鬼莫测。这也恰好从一个方面体现了它们性情中的邪恶一面。我们站在池边，奋力地朝仅剩的两只鸭子招手，最后抢在奥吉前把它们赶出了池子。我惊叹奥吉竟可以用6000磅的身躯，如此悄无声息又迅速地完成一切，甚至都没有在水面惊起一道波纹。但尽管如此，望着鸭妈妈拼命地寻找孩子，我们还是不能不为它叹息。

奥吉、卡萨特卡和塔卡拉三位是猎杀海鸥的高手，虽然这类动物在海洋中并不在虎鲸的猎物范围之内。每天，它们都可以轻而易举地抓住并杀死十只落在池边的海鸥。有时水下训练时，还能看见一只被它们偷偷杀死的海鸥从我们身边飘过。塔卡拉在虐杀海鸥方面特具创意。杀死海鸥后，它会一点一点噬咬它的尸体，像一位专注的雕刻师一般，把它塑成自己想要的形状。因此，当你命令它交出海鸥之时，海鸥可能只剩一具由翅膀连着心脏的形体，看上去有如某种设计病态的珠宝配饰，也许只有汉尼拔·莱克特[1] 才会觉得它漂亮。

奥吉和其他虎鲸还会使用一种奇怪的方式杀死海鸥。它们从胃里吐出一些食物放在水上，吸引海鸥，自己静静地一动不动地浮在一边。海鸥产生一种安全的错觉，停到虎鲸附近的水面，随着水上下浮动，当它终于认为安全无虞之时，鲸突然行动，用巨颌咬住它们，拖着它们绕池游，往水下拉，任凭它们用翅膀无助地拍水。它们会用在人类看来是虐待狂的方式戏弄海鸥。最终杀死海鸥前，它们通常会这么做：偶尔松一下嘴，任海鸥

---

[1] 电影《沉默的羔羊》主角，有食人的残忍嗜好。

自由挣扎；等觉得它稍稍恢复一会儿后，又把它拉进冰冷的池水里；当海鸥觉得自己身上的水已抖落，准备振翅起飞时，虎鲸会突然把它咬住，抓着它，把它再次拉进水里。它们会一遍又一遍地重复这一过程，直到把海鸥折磨得筋疲力尽，或是自己玩得无聊后，再将它杀死。

这样的事件发生过多次，最终，我们通过步步逼近的办法让它们把活的海鸥完整地归还回来。训练初始，你必须接受它们会给你带回一只死海鸥的事实。但随着训练深入，它们会慢慢地送回受伤的，最后是活生生、毫发无损的海鸥。

但是，也仍有一些鲸，似乎总瞅着机会使坏。击水和奥吉就是一对如"雌雄大盗"[1] 般狼狈为奸的"好伙伴"，你必须时刻盯住它们，因为它俩从不做好事。有一次，它们甚至侵害了一位年轻的驯鲸师，造成了非常严重的后果。

这位驯鲸师名叫塔马利·托利森，出事前她正在虎鲸餐厅近前的池边站岗。在海洋世界，这一时段站岗的驯鲸师通常只有一人，因为此时不需与鲸互动，只需盯住池里的鲸与看台上的游客就行。他们的任务在于确保游客不把手直接伸入水中，不与鲸直接互动以及不向池内扔任何物品。因此，他们只需在这一带四下巡视，保持场内有序，以及确保游客与鲸相隔着一定距离即可。

平时，无论是做任何事，即使是经验最丰富的驯鲸师，都不得单独与鲸交流，身后必须要有另外一人一旁照看。但那天，坐在池中的闸门前时，托利森却单独一人与奥吉接触。她一次又一次地把脚放到奥吉的吻部，然

---

[1] 来自电影《雌雄大盗》，又名《邦妮和克莱德》。

后是它的嘴巴，最后是它的舌头。击水浮在一旁的水面上，静静地望着一切。

很明显，托利森并不知道奥吉曾有用引诱性动作来"钓"驯鲸师的前科。一旦有驯鲸师对它的引诱做出反应，奥吉就会撞过去或是抓住他。那天，奥吉在众目睽睽之下，在看台上的观众一边进餐一边观赏这场"表演"时，抓住了托利森。后来回看视频看到这一幕时，我心里就已然猜到接下来会发生的一切，因为我太了解奥吉了。

奥吉合上嘴，死死地咬住她的脚不放。托利森伸出手去，向它发出指令，想让它松开，但它全然不听指令。因此，托利森开始一下一下重重地抽打奥吉，同时拼命地抓住闸门，想把腿抽出来。但是，相比一头6000磅的虎鲸，她的力量实在是无法匹敌。托利森被拖下水后，击水也加入进来，一口咬住了她的手臂，发出"吱吱"的骨裂声。两头鲸合力，撕裂了她的手臂，之后，它们又轮着在水下拖她，把她压入水里。

看台顿时陷入恐慌，有的人尖叫着呼叫救援，很快，其他的驯鲸师赶到现场。据后来一位惊慌的游客留下的视频显示，托利森大声叫着，拼命向水面游去，但奥吉把她当成玩具一般戏耍，水面上不时传来她呼叫"救命"的声音。

这时，罗宾·希茨赶到，他是一位经验非常丰富的驯鲸师。他先是击打水面，想让两头鲸向他靠拢，但它们不听指令，继续在水下拖住托利森。但是，罗宾思维敏捷，他知道在这时它们俩只会听谁的话——雌性头鲸。他命令其他驯鲸师把围住卡萨特卡的那道门上的铰链打开。这样做并非是让卡萨特卡也掺和进来，而是想让奥吉和击水以为卡萨特卡会过来。我们曾不断地训练过它们，打开铰链意味着一连串动作的开始，意味着门将被打开。而击水与奥吉也知道，那天关在门后的正是卡萨特卡。

在圣迭戈分馆，从鲸的社会等级来看，卡萨特卡的地位高于奥吉，更高于击水和馆内其他的鲸。当铰链被打开时，击水和奥吉知道，馆内的"一姐"要出来玩了，这一社会和等级因素的扮演者是它们在闯祸时最不愿看到的。因此，它们放开了托利森。

托利森受伤严重，多处骨折，大出血。她的伤来自于那两只瞅准空隙抓住了她的鲸。我想，她能够活到今天，还得多亏罗宾·希茨知道如何利用鲸的等级体制，也是卡萨特卡无上的权威拯救了她。

罗宾的机智抉择也正好完美体现了驯鲸师的经验之用。有些情况在操作手册上找不到，只有经验丰富的驯鲸师，才能有信心、有意识地在鲸被自己性格黑暗面控制时正确应对。

卡萨特卡和它的女儿塔卡拉就像同一个模子刻出来的，其中最为相似的莫过于它们的巨颌上钢铁般的肌肉。有时，我不禁猜测，难道这就是让它们不管被送到哪家分馆的池子里都能成为头鲸的原因吗？看着这对巨颌，其他的鲸能感到上面映出的重重威严、能计算出不守纪律时被耙伤的程度吗？这也许就是为什么即使面对两倍于它们的鲸时，它们也能将对方吓退。

除巨颌外，卡萨特卡还有着近乎完美的森森巨齿。和其他鲸不同，它从不在墙上磨牙，也从不用牙咬记号画。它的背鳍竖得直直的，勾出一条独特的曲线，和其他成年雄鲸萎萎蔫蔫的背鳍截然不同。它们母女还长着钢铁一般的吻突。其他鲸的吻突如刚从球筒中拿出来、一点儿也挤不动的新网球，但卡萨特卡的则如一只不带一丝弹性、如石头一样硬的网球。塔卡拉的也是如此。

没有鲸敢惹卡萨特卡，就连它的女儿塔卡拉也是一样，万幸的是当它心情不好时，卡萨特卡会直接表现出来。没有驯鲸师会愿意看到一头鲸将自己的心事掩藏，卡萨特卡会坦坦荡荡地向你、向馆内其他的鲸展露出它的情绪。它有着至高无上的头鲸气质，如果不开心，或是嫉妒其他鲸得到太多驯鲸师的关注，或是需要照顾幼崽时，它会毫不犹豫地叫停表演。在虎鲸馆内，我常能看到它向其他鲸行使权威的场景。我见过它向不在它视线内的鲸呼叫一声，就吓得它们不敢接下驯鲸师手中的奖励的场景，还看到一头鲸在得到一条大而多汁的鲑鱼后，通过锁住的门，把鱼献给卡萨特卡的一幕。

任何对卡萨特卡行为的误读或误解都能引发严重后果。1999年时，肯·皮特斯，圣迭戈分馆最出色的驯鲸师之一——我们都爱称呼他"皮蒂"——曾是和它们母女俩一起表演的驯鲸师，而我则是他的监督员。皮蒂经验丰富，和卡萨特卡相互信赖，关系亲密。他自诩——我们也这样认为——没有人比他了解它。

但那天，演出进行到一半时，意外发生了。塔卡拉开始对指令反应缓慢，它拒绝坐在水中、把头露出水面与驯鲸师眼神交流，而是沉入水中，死死地盯住30英尺外正和皮蒂一起表演的妈妈。塔卡拉浑身不适，它脱离驯鲸师，从表演池游向后池。那时，我们都知道它和妈妈之间正经历着一些矛盾。但在我们看来，这位虎鲸妈妈对这些矛盾似乎安之若素，举止也无异常。到达后池后，塔卡拉以飞快的速度开始绕圈游，它的呼吸越发急促，似乎对刚刚看到的一幕心生躁动。接着，它又游出池去，游到我们每周给它称重的天平上。它似乎渴望着从眼前这个不快的环境中逃脱，不断地发出声音，表露着心中的焦虑。

与此同时，它的妈妈正在那边的池中接受皮蒂的指令，继续表演。看此情景，我们决定关闭闸门，隔断前后池，希望能给塔卡拉一个冷静的时机，防止事态升级。同时，我们也不希望它被妈妈咬伤。幸运的话，也许我们能在表演结束后打开闸门，让它们母女重聚，化解彼此的矛盾——当然，前提是塔卡拉能先冷静下来。

排名和资历与皮蒂相当的丽萨·胡古雷走上前去，向皮蒂问道："你不会还要下水和卡萨特卡表演吧？"

"当然。"皮蒂答道，"她状态很好，100% 没问题。"

作为他的监督员，一位随时准备拉响水下紧急音的人，我与丽萨的想法一致。站在舞台上，我一边听着他们的谈话，一边望着水中的卡萨特卡。虽然女儿正在那边激动地击打水面，但它似乎无动于衷。

皮蒂悠闲地跳入水中，他抚摸卡萨特卡，等着音乐响起，然后开始表演。但这时，卡萨特卡突然失去控制，开始在水下飞快地绕圈游，并不时发出焦躁的叫声，似乎非常失落，背部的肌肉一道道地紧绷着。它快速地在水中游动拍打，激起一道巨浪，把皮蒂向池中心拉去。皮蒂很快便明白了卡萨特卡的意图，他奋力地想朝安全的区域游去，以伺机逃离。他用手在水下轻轻地敲了一下自己的头，卡萨特卡看到了，立刻朝着他的方向游去，越至他的头顶。他努力地想引开它，虽说那时卡萨特卡并不算园中最大的鲸，但也有 17 英尺长，体重更超过 5000 磅。每当它消失在水中后，皮蒂都会把脸埋入水中，向池下望去。他必须要和它眼神交流，以重新掌握局面。

面对鲸，不论身处何种情境下，眼神交流都非常重要。遭受攻击时，这更能成为救命的关键。

卡萨特卡出现在他的身下，张着大大的嘴，推着他的臀部，把他奋力地抛出水面。这粗暴的一击使他们俩都重重地撞到了舞台上，卡萨特卡又重新跳入水中。而后，它转过身来，张着嘴，想要咬住皮蒂的脚，皮蒂拼命地把它踢开，把脸重新埋入水下，希望在它再次冲向他之前，探明它的方位。我起初并未特别担忧，但现在，看着眼前的一切，我只能在岸边无助地望着，一想到皮蒂会被它重重地撞到坚硬的水泥舞台墙上的场景，就禁不住全身战栗。

万幸的是，皮蒂右手抓到了舞台，罗宾拖住了他的手臂，在卡萨特卡的攻击再次发起前，把他拉出了水池。看到皮蒂出水，卡萨特卡开始不甘地在池中游动，拍打池水。演出不得不因此终止，接下来的 6 个月，公司禁止任何驯鲸师再与卡萨特卡一同下水。

那天的一幕给我上了宝贵的一课。鲸可能表面上看上去状态不错，但实际并非如此。从这一次塔卡拉和卡萨特卡的事件中可以看出，训练时你的考虑需更为全面。只要发现它与其他鲸的关系发生任何细微的改变，都不得与它下水，尽管它们看上去依旧平静淡然，一如那天的卡萨特卡。

1999 年的夏天是让人难以释怀的一个夏天。那年，除了发生过卡萨特卡和皮蒂的这段插曲之外，在奥兰多分馆，一位 27 岁的游客丹尼尔·杜克斯的尸体出现在了池中。被发现时，杜克斯趴在提利库姆背上，已无生命迹象。很明显，这位年轻人绕过场馆的安保，在馆内过夜，后来不知为何来到了提利库姆的池中。尸检显示，杜克斯死前脑袋曾遭受重创，胸口和四肢也多处受伤。在他死后，提利库姆继续摧残尸体，把他部分阉割。1991年，当提利库姆尚在加拿大英属哥伦比亚的一家海洋公园（太平洋海洋公园）时，它曾杀死过一名驯鲸师，1992年，它才被转卖至海洋世界。

1999年秋天，当公司放开禁令，再度允许驯鲸师下水时，我正式加入了卡萨特卡的水下作业团队，这让我非常骄傲和激动。卡萨特卡是一头极难对付、极具挑战性的鲸，公司让我加入，是对我技术与能力的信任，是相信我能做出正确的抉择，与它和平相处。这在我眼里无异于一次大大的升职。在事业上，这几乎是最令我感到自豪的一项成就。我爱卡萨特卡，早在与它下水前，我就在它身上投入过不少精力，总期盼有一天能与它建立真正的羁绊。我了解过它的喜好，知道怎样根据它的声音判断它的状态。但那天，当看到它向着皮蒂，对自以为与它亲密无间、相处多年的驯鲸师獠牙相向时，我学会了向现实妥协。它们是海洋世界的囚徒，它们的心理世界瞬息万变。

海洋世界中重重幽闭的复杂生活，使这儿的鲸都有如偏执狂，微小的举动也能瞬间被放大为巨大的侮辱。而且，它们非常聪明，会悄悄地暗中谋划，一旦时机来临，就会向你尽情地发泄它们的不满。

开始工作时，皮蒂教给了我许多有关卡萨特卡的至关重要的东西，这些东西无一不与我平常的认知相背。他说："你必须向它表现出，自己有意将脆弱的一面展现给它，因为你信任它。"这当然不意味着你需要放弃自身的安全。无论在池边还是水中，你的安全都完全取决于鲸的心情。皮蒂的意思在于，你需要去在意这些巨大而敏感的精灵们会在意的细节。当我学会了轻触它的方式的时候，我与卡萨特卡的羁绊也一日千里地加深。喂食时，我会慢慢地放，慢慢地让它知道我并没在心急地敷衍。我不会把鱼扔出去，而是直接放到它的嘴里，以手触牙放到它的喉咙深处。这样，它只需在我的手放开后，合上嘴就可吞咽，它对此也非常合作。由此，放慢步伐，是与它相处的第一要义。

也许你能看懂鲸的不少动作，但永远也无法准确预知它们什么时候会亮出邪恶的一面。因此，当情形反转、危机迫近时，要想全身而退，就要依靠平时和它们建立的羁绊了。2006 年，皮蒂与卡萨特卡的第二次冲突事件恰好证明了这一点。

那次事件中，卡萨特卡咬住了他的脚，多次把他往水下拖，那次是所有的驯鲸师生还案例中，人被鲸攻击得最严重的一次。多亏了他超常的克制能力、敢于瞄准时机安抚它，以及平时与它深厚的羁绊，才让自己死里逃生。他之所以能够活着出池，是因为卡萨特卡允许他活着出来，是因为它有时间与机会做出正确的抉择。否则，如果它的意识完全被邪恶吞噬，悲剧将难以避免。事后，皮蒂脚骨折断，韧带损伤，住院治疗时，他的脚上被安上了螺栓和螺钉正位，最后才得以痊愈。

但他始终都热爱着卡萨特卡，而我，虽见识过它的种种怪脾气，也学会了爱它。后来，当我再次回到得克萨斯分馆工作，听到那些与它素未谋面的驯鲸师称它为"鲸神病"时，我总是会感到非常愤怒，然后狂暴地跳出来为它辩护。我不断地提醒他们，卡萨特卡在完全有能力杀死皮蒂的时候，选择了放掉他。作为一头鲸，它值得我们人类敬佩。

和弗蕾娅一样，卡萨特卡也生于海洋中。我想，在它的心里应该也同样装着在无垠的大海中畅游的记忆吧！但让人惊叹的是，如今的它甘于受人支配。作为一群鲸的"女族长"，它竟然允许小小的人类给它发指令，允许他们奖励它，允许他们走进它的快乐，了解它的喜好，这不是一件令人惊讶的事情吗？要构建起这样的情谊，我们必须得付出大量的精力，而且，必须铭记，它不是无私奉献的。要想和鲸——特别是最危险的那种——建立情谊，人与鲸都必须意识到，这是完全建立在真正的相互给予与付出之上的。每一份情谊都是独特的，鲸与人一样，也同样明白这一点。在它们眼中，每一位驯鲸师各有不同，正如我们认为它们也都性格各异一样。

2001年，当我离开圣迭戈海洋公园，前往法国担任主管时，皮蒂对我极为支持。对我而言，那是一个极大的机遇，因为我将能与一群从未与人类一起下水表演过的鲸一起工作了。此前，昂蒂布海洋公园的驯鲸师们只在池边而非池中，与它们一起表演。我将能在驯鲸的同时，训练那儿的驯鲸师们。

但是，去法国工作，则意味着要与我心爱的考基、击水、塔卡拉、奥吉、尤利西斯以及卡萨特卡分别。

离别总是艰难的，分别的那天，我把离别的心情一一整理了一遍，然后在心中安慰自己说，就算在这里结束了，我还能在法国与新的鲸建立新的情谊。同事们的支持更是让我感动。告别演出时，许多驯鲸师，甚至是那些休假的，包括海豚馆、海狮馆，甚至从这儿离职的，都来观看我的表演。那天，我先与我曾经的室友及团队同事温迪·拉米雷兹，带着卡萨特卡和奥吉表演了一段。奇特的是，本来獠牙相向的两头鲸，那天都特别和睦。最后，皮蒂、罗宾和我，又带着考基和塔卡拉表演了一段"快速动作"，包括浮窥、骑鲸冲浪以及闭幕前压轴的"水中跳"。我的心扑扑直跳，那么多的同事都在观看，我真不想在表演"水中跳"时撞到墙，或在冲浪时从鲸身上摔下来。庆幸的是，一切顺利。

表演结束后，离下班还有两个小时，皮蒂过来对我说："干吗还不去洗澡？去吧，兄弟！"话一出口，我就明白，一切结束了，该与鲸分别了。我试着拖延，告诉他说我不介意再等一会儿。但刚一开口，我的声音就已颤抖，整个人如被撕裂。"没关系。"他说道，"完事了，去洗澡吧！"

这时，我再也支撑不住，飞快地走了出去，因为我不想让人看到我哭的样子。我朝着更衣室跑去，刚一转身时，泪已从脸颊滑落。我听到皮蒂的脚步声紧随在后，不由得加快了步伐，他也随即加速。一进更衣室，我反手把门锁住，但没想到皮蒂就在我身后。我又跑到第二道门去，用东西抵住它，但我依然听见他跑来的声音。没过一会儿，他把门打开了。我站在镜子前，看到他出现在身后，心里最后的防备终于崩溃，止不住地大哭起来，哭得无法呼吸。

皮蒂为人粗犷，平时更是出了名的对感情迟钝。但那天，他紧紧地盯住我的眼睛，把手放在我肩上，说："我不想说'没关系'，也不想劝你不哭，我只是想在你哭的时候，能站在身边。"这句话是我听过最感动、最动人心扉的一句话，因为那时，我很难能真的"没关系"。与鲸分别，实在痛不欲生。

只有皮蒂知道，无条件地爱着一头鲸的所有是一种什么感觉，他知道，为了这样一段情谊，我曾经付出多少，又曾经收获多少，因为我们都爱着这同样的一群鲸。那天，我站在更衣室中，直到把泪哭干。那天，我以为，自己已死!

在我离开圣迭戈不久后，卡萨特卡也经历了一段痛苦的分别。

在海洋里，为了生存，虎鲸妈妈和女儿们通常都生活在一起。自从在海洋中跟自己的妈妈分别后，卡萨特卡就对自己的第一只宝宝塔卡拉特别关爱。但是，尽管它在圣迭戈分馆的鲸群里权力无限，当面对海洋世界公司时，它也无能为力。

2004年，高层决定，把塔卡拉和它的女儿荷哈娜（Kohana）送到佛罗里达分馆饲养和表演。运输那天，驯鲸师先是把塔卡拉（以及荷哈娜）和卡萨特卡关到不同的池子里。然后，他们又把塔卡拉和荷哈娜赶到浅浅的医护池中，再慢慢地抬升底板。水位下降的同时，他们又接着指令塔卡拉和荷哈娜游进一个大型的担架里。起重机随后把架子从池中吊起，放到一个18轮的卡车后厢内，准备运往机场，此时，塔卡拉的母亲卡萨特卡开始不断地发出叫声，一种在它30年的圈养生涯里从未发出过的叫声。

之后，我才知道，卡萨特卡一直发着这种叫声，直到塔卡拉离开了很久之后。后来，海洋世界把哈布斯海洋世界研究所的资深研究员安·鲍尔斯请到这儿，让她录下并分析这种声音。安的研究结果表明，这是鲸的一种远程呼唤。卡萨特卡感知到女儿已不在附近的池子里，于是，拼尽全力向全世界发出这种呼唤声，想看声音是否会反射回来，或是收到一个答复。这种声音听起来极像哭声，让人忍不住心碎。

与第一个孩子离别后，卡萨特卡一直没能从阴影中恢复过来。分别的三年后，驯鲸师在佛罗里达分馆录下了塔卡拉的叫声，然后在加利福尼亚分馆向着卡萨特卡播放。但是，塔卡拉的声音刚一播放，就立即引起了园内年长的鲸的恐慌，它们躁动不安地在池中快速游动，带着急促的呼吸发出紧而快的叫声。

2006 年 11 月起，早在公司禁止所有的水下表演之前，他们就禁止驯鲸师与卡萨特卡下水了。从皮蒂和它发生的那次冲突来看，它已经变得太过危险，不适宜再与人一起做水中的训练与表演。

鲸会记仇，那它们还会原谅我们吗？

CHAPTER
6

第六章　　虎鲸的前世今生

海洋世界中，虎鲸的名字大多取自于那些和虎鲸有长远交往历史的民族的语言和文化，因而通常十分优美。有些名字则取自于我们自身对它们的浪漫想象。例如，"塔卡拉"就来源于日语中"珍宝"一词，"乌娜"在冰岛语中则为"爱"的意思，"提利库姆"在切努克[1]语中为"朋友"。有些名字则实事求是，例如，"卡萨特卡"在俄语中本就指"虎鲸"。还有些名字则纯粹出于逗乐，例如"击水"。它出生在一家不隶属于海洋世界的公园中，他们对取名并没有海洋世界这样讲求诗意和异国情调的独特爱好。

有时，同一名字可能会不断流传，例如，"考基"是海洋世界中年龄最大的鲸，同时也是世界上圈养鲸中年龄最大的，但这个名字却是海洋世界早期时另一头鲸的，这头鲸在 1970 年就已去世，而考基直到 1987 年才和它的伙伴、朋友并且一度成为伴侣的"欧基"

---

[1] 印第安人一族。

（Orky）一起来到海洋世界。这对伙伴名虽押韵，但并没有孕育出活的后代。考基曾七次受孕，但生出的幼崽都一一夭折，最长命的一只也只活了46天。因此，欧基就成了另一头雌鲸堪度（Kandu）的丈夫，两头鲸结合生下了"奥吉"。奥吉本是鲜花名，但这一名字并非取自鲜花的花语，而是为了纪念它的父亲。

堪度是20世纪80年代时圣迭戈分馆的雌性头鲸，死于一场可怕的表演事故。那天，当表演尚在进行时，也许是为了强调自己雌性头鲸的地位，它朝着考基奋力冲去。考基成功避开，而它则在与另一头8200磅重的鲸的争斗之中，颌骨两侧骨裂，动脉破裂，最终因大出血而死在池底。事故之后，考基认养了失去母亲、精神遭受重创的奥吉，把它当成亲生孩子般抚养。那年，奥吉还不到一岁，在死去的母亲身边伤心地游着。考基从未想过成为头鲸，因此，1990年，卡萨特卡到来后，这一地位由它继任。但从奥吉的名字里，我们依然能够想象当年流传的欧基与考基之间的往事，以及当年海洋世界里发生过的骇人一幕。

所有的鲸的名字纯粹是出于人类的想象，是为了我们记忆以及组织和分类的需要。当我们呼唤它们的名字时，鲸并不能听得出来。虽则它们的发声和听觉系统十分复杂，但相比元音，它们对辅音更加敏感。毕竟，在海洋里，虎鲸生活的世界与人类完全不同。

几个世纪以来，人类曾给予"逆戟鲸"一属以不同的称呼。《大不列颠百科全书》曾引道，20世纪初，虎鲸的学名为"虎鲸角斗士"。所谓"角斗士"，是指古罗马时期的奴隶剑士，这一称呼为近2000年前罗马历史学家普林尼所取的"虎鲸"这一食人魔般的名字增添了几分好战色彩。在法语里，"虎鲸"（épaulard）一词同样带着好战的意味。其耳语音"épeé"意指虎鲸有像剑一般锋利的背鳍，当它们在海洋表面追捕猎物时，其样子非常显眼。芬兰语、荷兰语还有德语中对"虎鲸"的命名同样带着"剑"的意指，这三个词分别为 miekkavalas，zwaardwalvis 和 schwertwal。

在 20 世纪早期，grampus 作为英语中对"虎鲸"的称呼，在英语世界中被广泛使用。这一词和法语有着千丝万缕的联系，它最早来自于中世纪拉丁语 crassus piscis（意为"胖鱼"），后来又奇特地演变为古法语 grapois 一词，其中 pois 这一音节和现在法语对鱼的称呼 poisson 有联系。之后，英语又将 grapois 一词的发音进一步演变为 grampus。在赫尔曼·梅尔维尔 1851 年出版的著名小说《白鲸》中，他就曾用 grampus 一词来指代鲸。

直到 20 世纪，"杀手"（killer）一词才与虎鲸广泛地联系起来。此前，"杀人鲸"一直都是虎鲸的别名，它最早来自于西班牙水手对这一物种的称呼 asesina-ballenas，因为它们经常集体猎杀体形大于自己的其他鲸类。丹麦人称虎鲸为 spaekhugger，意指一种在捕鲸人到达前就把鲸脂食光的鲸类，这一词也正好反映了虎鲸的贪婪本性。在日本文化里，虎鲸的汉字读作"shachi"，这一词由鱼的汉字与虎的汉字组成，其表意更为明显。同时，这个词是日本文化中一种神秘生物的名字，它长着虎一样的脑袋，却有着鱼一样的身体和尾巴，这种形象常见于日本传统寺庙内的一些精美装饰物上。

神话与现实总是相互融合的。我们可以推测，"杀人鲸（killer

whale）"一词是在血腥的"一战"之后逐渐兴盛的。这个词虽早在 18 世纪便已出现，但直到 20 世纪，由于虎鲸种种难于言说的暴行，它才渐为主流用法。在海洋世界及其"人鲸和谐"的虎鲸馆奇迹取得巨大成功后，世人才开始用崭新的目光来看待这类生物，"杀人鲸"（killer whale）才逐渐逊色于"逆戟鲸"（orca）一词，甚至连曾将其称为"杀手"的西班牙人也开始使用"逆戟鲸"来称呼虎鲸。

对虎鲸的称呼虽然得到了修正，其形象较之此前的"冷血杀手"也要积极不少，但这些是建立在那些不生活在自然世界、行为与心理已被圈养生活完全扭曲的一群鲸身上的。海洋世界虽并没像古拉丁语所寓意的一般，将它们变成"奴隶角斗士"，却把它们训练成了一群表演囚徒。虽然相比其他自然界中的同伴，它们的智力并无改变，但被完全改造后的它们，永不可能再重返自然。

无论是从外表还是生活习性而言，早在 800 多万年前，虎鲸就已经是今天这个样子了。它们这副完美而光滑的捕食者体形，黑白相间，早在智人出现前，就已雄踞于地球之上。

它们和其他鲸一起，都来自于同一个陆生哺乳动物祖先——巴基鲸，因最早发现于巴基斯坦而得名。它不仅是虎鲸的祖先，还是蓝鲸、抹香鲸、白鲸以及海豚的祖先，此外，奇异的是，水栖动物河马也是它的后代。巴基鲸是海洋中大型哺乳动物的先驱，它外表奇特，看上去如一只长着蹄子的狼。大约 5000 万年前，鲸开始从巴基鲸进化，齿鲸是最早从巴基鲸中分化出来的。大约 2000 万~3000 万年前时，海豚又开始从齿鲸分化。虎鲸也是由齿鲸演化而来的，它是整个海豚科中体形最大的一种。在海洋中，所有海豚、虎鲸、有齿抹香鲸和无齿蓝鲸都属于鲸目，它们最初的祖先都是巴基鲸这种奇特的生物。

在鲸的漫长的进化历史里，它们有一特征不得不让我们人类自惭形秽。人类常以自己"头脑发达"为傲，但是虎鲸、海豚、大型鲸以及其他鲸目成员，其大脑发达的历史可能更为悠久。早在约3500万年前，它们便进化出体积相对较大的大脑。1000万～1500万年前，它们的脑容量就已经相当于今天鲸类的水平。相比之下，人类的祖先直到大约100万年前才拥有了体积较大的大脑。正如鲸目动物大脑研究专家洛莉·马里博士曾说："自此我们可以看出，人类拥有地球上最发达大脑的历史是多么短。"她继续说道："（除鲸外）至今我们仍不知是否有其他生物，其脑进化历史能早于人类1000万～1500万年的。"

在所有的海生哺乳动物中，虎鲸是唯一进化出像剑一样的巨大背鳍的。这些背鳍在它们破开水面朝着猎物冲去的时候，极像向着战利品飞速行进的海盗船上的黑帆。也许是出于某种工程学的原因，进化之力似乎对这只巨大的背鳍特别钟爱，使它能调节鲸的体温。当鲸以时速30英里的速度在水中前进时，它能将运动产生的高温从身体中心传输至身体首尾部分，这样，虎鲸的身体便不会过热。而且，和鲨鱼的背鳍一样，虎鲸的背鳍也可用于导航及快速改变方向。但是，为什么雄性虎鲸的背鳍会大于雌性，我们却依旧不得而知，这也许和性别有关，如孔雀的屏以及雄火鸡蓬开的羽毛一样，大概背鳍是它们吸引处于社会等级顶端的雌鲸的最显著的标志。

正如背鳍是用来防止快速游动时身体过热一样，虎鲸进化出的黑白色彩排布也是捕猎的有力工具。当鱼或其他海洋哺乳动物在它的身体下游动时，眼睛通常会朝上看，虎鲸白色的肚子能与折射的太阳光混合，让动物们很难发觉它的存在。同样的，当猎物游于虎鲸的身躯之上时，因为虎鲸背部的黑色可借深海的黑暗作为伪装，猎物依旧难以察觉它的存在。而虎鲸的眼却能上下翻动，发现各个方向的猎物。

虎鲸的黑白色彩排布原理同大熊猫大致相似，都是为了伪装，与周边环境融为一体。但不同的是，大熊猫的黑白毛色排布是为了防御，例如，将自身隐于雪地以躲避攻击，而虎鲸则是为攻击之用，是为了能悄悄地快速靠近猎物。虎鲸眼睛周围有一圈白色皮肤，它的用途与其他地方肤色不大相同。有科学家认为，这圈白色皮肤是游动在成年鲸身旁的幼鲸用来追踪母亲的，它们通过侧视，可以探测出鲸群或家族的游动方向。

在大自然中，虎鲸通常是以部落，或更确切而言，是以生态型为单位生活的。世界上至少生存着 10 个完全不同的虎鲸种群，有些因时空和距离而相隔甚远，以至于很多专家都认为它们是完全不同的物种。不同种群追踪的猎物不同，发声的方式也各有分别，就像是两种无法沟通的语言。根据生态型差异，虎鲸眼周的白色皮肤的分布与大小也略有分别。但不论是在哪一种生态型里，它们都有刀一样的背鳍和黑白排布的肤色，因为有微型寄生虫的原因，白色部分也有浅灰和微黄的。尽管都有背鳍，但鲸与鲸之间分别很大，不同之处正在于背鳍的倾斜程度，这从照片上可一眼辨认出来。可以说在外形上，没有两头鲸完全相似。

海洋世界及与其有合作的各家海洋公园的鲸来自世界各地，有的来自于西北太平洋、华盛顿州以及不列颠哥伦比亚附近海域，例如考基就是于 1969 年 12 月 11 日在这片海域被捕获的，卡萨特卡和提利库姆，则来自于北大西洋及冰岛附近。塔卡拉的父亲柯达也来自于冰岛附近，但塔卡拉却是卡萨特卡在 20 世纪 80 年代晚期与柯达在海洋世界圣安东尼奥分馆结合生下的。

公园里还有些鲸是由不同海域的鲸在圈养环境中结合而生下的。例如，疾病缠身的击水就是由来自冰岛附近大西洋海域的雌鲸古德伦（Gudrun）和来自西北太平洋的雄鲸堪度克结合而生的，这种结合，在自然环境下的可能性极微，因为古德伦所代表的生态型与堪度克所代表的生态型完全无机会相互碰面。击水的好伙伴——奥吉的父母也分别来自于大西洋和太平洋。它们都是在自然环境下无法找到对应身份的"混血儿"。

不同的生态型中，被研究得最多的，因而也是被了解得最多的，是位于西北太平洋的虎鲸群落。在这一群落内，又以两个地区群落被研究得最为透彻，其中一个在不列颠哥伦比亚附近海区，为"北方群落"，另一个虽亦属同一地区，但其最南可至加利福尼亚海岸，因而被称为"南方群落"。两个群落的鲸尽管都游行在同一片海域，但相互之间并不发生种族间的交配行为。有些科学家，如著名的海洋哺乳动物学家和虎鲸专家内奥米·罗丝博士推测，两个种群之间可能会偶尔存在如罗密欧和朱丽叶般的幽会"情侣"，但总体而言，更有可能的情况是，它们是虎鲸世界像凯普莱特和蒙太古[1]一样的冤仇世家，"通婚"是两大家族的大忌。

无论是在北方还是南方，虎鲸群落都是以部落、小种群或家族的方式组成的。每个家族都由一头雌鲸领导，构成虎鲸社会的基本单位。雌鲸是家族的核心，女儿即便成年，它自己的家庭也不会与领头雌鲸相隔太远，

[1] 《罗密欧与朱丽叶》里有世仇的两大家族。

通常都小于 1 英里。

　　母权与年龄构成了秩序与权威的基石。例如，在母权系统下，年长的雄鲸虽有统治年轻的雄鲸的权力，但仍会对年轻的雌鲸十分尊重。家族重聚时，女儿尽管成家，仍要服从于母亲。

　　在这个母权社会内，家族内的每一头鲸都需贴近雌性头鲸身边，相距不得超过几个等身长，像一群海洋中的工蜂围绕着蜂后一样。雌鲸的身边除了有它 5 岁以下的雄性与雌性后代外，还有已成年的儿子，有时候甚至还包括与它同龄或长于它（如哥哥或叔叔辈）的雄鲸，还有的包括侄子或是其死去姐妹的后代。

　　除了从母亲或与它同等地位的雌鲸处获得地位外，雄鲸自身并无地位可言。因此，每当头鲸死后，它的儿子们就会加入其姑姑、姐妹或侄女的家族内，以获得自己的社会地位及社群等级体系中的位置。有时，被完全抛弃的雄性孤儿们也会试着联合为一体，但研究表明，这种联合十分短暂，通常不超过 4 年。因此，没有雌性亲属的雄鲸十分可怜，它们被抛弃于虎鲸社会之外，然后快速地消瘦，直到死亡。海洋世界中的很多雄鲸基本都被剥夺了母亲，它们是海洋世界这个虎鲸族群中的社会遗弃者，常成为被其他鲸暴力攻击的对象。

　　那么，交配呢？交配是如何进行的？通常，交配的雄鲸来自于家族体系之外。它们来到鲸群中和雌鲸交配，而后再重新归入母亲的队伍中。和海洋世界不同，自然界从未发生过母子乱伦的现象，但是在奥兰多分馆，卡蒂娜就曾与自己的儿子塔库交配，生下了雌鲸娜拉妮（Nalani）；荷哈娜曾两度为叔叔凯托（Keto）受孕。这些在自然界中本被严厉禁止、视作禁忌的行为，被圈养环境打破。虎鲸社会本有着自身的传统和出于教导而非仅出自本性的社会准则，母子乱伦就是其中的一大禁忌。

而雌鲸对待乱伦而生的后代的反应也非常有趣。卡蒂娜虽对自己其他的幼鲸关怀备至，但唯独不接受娜拉妮；荷哈娜首次受孕时年龄极幼，它对自己的两头幼崽都拒之千里，第二只幼鲸出生不到一年便夭折了。

虎鲸的集体感是以一种可被我们称为"语言"的声音构建起来的。同一母系氏族内的呼声以及组成叫声的多个声音单元基本相同，这即是说，同一家族使用同一"语言"，并由此组成一个家庭；以同一种语言的家庭为基础，组成被科学家称为"部落"的群体；同一地区的部落再结成"种群"或"社群"，例如，北方群落和南方群落。在这种更广泛的限定下，语言是次要的。同一群落内的有些部落用的语言可能不同，但它们依然知道自己属于同一群落，因而会相互交配。它们似乎有某种神秘方式，能认出自己的共同世系，非常准确地将北方群落与南方群落区别开来，基因领域的研究也恰好证明了这一点。

在西北太平洋海域，除北方群落与南方群落，同一水域内其他虎鲸种群的存在，也使得这里的研究变得更加复杂。鲸类研究者将这类鲸称为"候鲸"，以和本地的鲸群区别开来。本地鲸群主要以鱼为食，确切来说，主要为鲑鱼。而"候鲸"却大多以其他海洋哺乳动物为食。它们的家族鲸数相对较小，因此人们认为它们中有些是"独鲸"。但尽管它们多单独行动，它们仍会与自己的母系氏族保持联系，并根据目标猎物的体形而改变行动时成员的数量。本地鲸群多以家庭为单位，捕猎鲑鱼及其他鱼类，这些是它们单独出击时的营养来源；"候鲸"则多追猎鲸、海豚、海豹以及鲨鱼，它们在捕猎这些大型鱼类时，常单独行动，猎杀鲨鱼时除外，因为鲨鱼非常聪明，要猎杀它们需要有更多力量。以获得的热量和付出的精力来看，2～3头鲸的小群体猎杀1头鲨鱼，效率更高。当然，独食更不待说，它们完全可以先吃独食，而后再与家庭成员分享。

如果进入"候鲸"猎杀范围的是蓝鲸这种地球上最大的动物，那么可能得需6～7头"候鲸"的协作才能猎杀成功。其实，虎鲸真正食用的只有蓝鲸的舌头与鲸脂。猎杀的场面在人类看来，可能十分残忍：它们不会将蓝鲸彻底杀死，只在攻击中将蓝鲸的舌头咬掉，然后开始享用这部分大餐。而没了舌头的蓝鲸则会流着血逃跑，直到因血流尽而死。有的时候，虎鲸也会只把鲸脂吃掉，因为这部分是所有热量的来源。

抹香鲸虽是地球上最大的齿鲸，但它的牙只能用于衔紧猎物，而非撕咬。相比之下，"候鲸"就像一群技艺精湛的外科医生。据罗丝博士回忆，一位她相识的虎鲸专家曾见到一只被虎鲸猎杀的鼠海豚，它全身只在贴近内脏处有一道细细的伤口，位置非常精确，内脏刚好从伤口处流出来。这是虎鲸在精确地撞击之后，再用牙齿造出的一道完美伤口。说到这里，我不禁想起塔卡拉曾"创作"出的那具骇人的海鸥"珠宝挂件"。

不同的自然环境生活下的虎鲸拥有着不同的捕猎技能。例如，生活在挪威海岸附近的虎鲸常集体出动，围捕鲱鱼。它们将一大群鲱鱼赶到一起，等鱼群绕圈游成一个球形后，用尾巴将它们击昏，然后开始大餐。在南美的最南端——巴塔哥尼亚，虎鲸会冲到沙滩上，故意搁浅以抓住在浅水中出没的海狮幼崽，这种捕猎技能代代相传。无论是本地鲸群还是过路的"候鲸"，它们为了食物可以拼尽一切，即使是岸上的猎物也绝不放过。但是，并非所有虎鲸都能完美地继承这一技能，也有不少因此而搁浅死亡。

海洋世界知道雌性头鲸在虎鲸家族中的重要性，并将其用于管理园内的鲸群。但他们忽略了一点，这些鲸来自于不同的地区、不同的家庭，使用着截然不同的语言。英格丽德·菲瑟博士在对新西兰海岸附近及北太平洋中的虎鲸做了细致研究后曾说道："在海洋里，不同地区虎鲸群落的文化与行为的不同，有如生于不同国家的人一样。"因此，把它们聚在即使是世界上最大的海洋公园里，其效果也等同于把不同语言背景的人强押进一间小小的单人囚室，而且一囚多年。在这里，它们也许能够创造出一种相互交流的方式，但更常见的是自然界中常发生的可怕一幕：从其他族群来的鲸，被暴力威胁驱离。但在海洋世界这个小小的圈养场馆里，它们无处可逃，因而暴力亦不再仅是威胁，而是一道道触目惊心的严重伤痕。

21 世纪前 10 年中期，加利福尼亚分馆曾邀请公司附属研究机构的一位资深研究人员前来研究考基与卡萨特卡的发音方式，以求为考基常被卡萨特卡血腥攻击与耙伤找出原因。研究人员发现，两头鲸——无论是考基还是卡萨特卡——都不能完全复制彼此的发音（即其"方言"），两者间的攻击和冲突也因此升级。

海洋里，攻击行为也常有发生。例如，当本地鲸与"候鲸"在西北太平洋海域相遇时，前者常有恶意的推搡与击水动作，最后常以本地鲸（它们的族群数量多达 200 头）将"候鲸"赶走而告终。同时，研究人员还发现，即使在本地鲸内部，攻击也常有发生。当脱离了自己母系氏族的雄鲸试图加入另一氏族时，冲突也会爆发，当地氏族内的"执行者"雄鲸会将入侵的雄鲸"嘘"走，有时甚至会把它夹在自己的中间，将其送出领地。

根据罗丝博士还有其他人员的研究，用牙齿耙——这种见于海洋世界的丑恶而血腥的行为，在海洋中只常见于无知的本地幼鲸，却为雌性头鲸所鄙弃。海洋世界中的雌性头鲸所使用的这种恐怖统治方式在西北太平洋的族群难以见到，但越是落单的"候鲸"越有耙咬同类的倾向，这在新西兰附近水域中常能见到。据研究过这一水域内情况的英格丽德·菲瑟博士推断，这可能是从南极洲水域来的虎鲸常因迷路而误入本地鲸领地的缘故。也许正如霍华德·加内特所说："圈养环境下的鲸群内，鲸与鲸之间的关系难以调和，紧张的态势被放大，因此常以耙咬甚至是狠狠地耙撕的方式表现出来。"霍华德·加内特是反对圈养虎鲸的公益组织"虎鲸协会"的成员。

在广阔的海洋里，虎鲸默认它们出生时继承的秩序为自然秩序，因此，1989年发生在堪度和考基身上的冲突，如果放到海洋里，根本就不会发生，因为两者的栖息族群相距遥远：堪度的族群生活在冰岛附近的北大西洋海域，而考基则是在加拿大的太平洋海岸。即使两者的族群相遇，它们连语言都不通。请问当堪度显示自身的权威时，考基能够明白吗？难道不是考基的没有反应恰恰激怒了堪度，所以它才会朝考基冲过去，以至于撞裂颌骨，流血而死吗？在圈养环境下，即使是成年虎鲸，也可能更多地将情绪诉诸獠牙，因为除此之外，它们不知怎样与其他鲸交流。

如今，由于圈养鲸所熟知的只是圈养环境，所以我猜想它们交流所用的是一种混合了大量鲸的"方言"的奇怪方式。"由于这些鲸是交叉交配所孕育的'混血'后代，所以它们既无保护价值，也无自然界的身份认同。"

加州大学戴维斯分校的生态地理学家黛博拉·贾尔斯博士如是说道。他曾在普吉特海湾研究了9个夏天的虎鲸。

想一想，在海洋世界，虎鲸除应对其他同类外，还需把提供食物的驯鲸师也计算进自己的等级体系内，这更会增加它们受挫、发生冲突和攻击的风险。

对于这一困境，罗丝博士曾做过一个准确但悲哀的评判。她说："以我个人观点来看，所有的圈养鲸，无论是从海洋里捕获的还是生育于圈养环境下的，其行为都十分异常。它们正如《蝇王》中的那群孩子，因为缺少对它们自身不成熟的暴力倾向的社会制约，其行为都变得不自然地异常狂暴。儿童可能也会非常暴力，但在正常的环境里，由于社会规则的存在，他们学会了压制自己的暴力倾向，并随着逐步成熟，而掌握有效的疏解方式。"

对圈养鲸而言，压制自身暴力倾向是一个极大的挑战。罗丝博士说："圈养环境下，所有的虎鲸都像一群无父无母的'野孩子'，它们缺乏成年鲸的教导，不知道正确的社会规则，而人类驯鲸师，特别是那些对自然界虎鲸行为一无所知的，也不能充分补充这一空白。"此外，所有最初捕获的鲸几乎都为幼鲸，不成熟的心智使它们无法完全担任起自然界中雌性头鲸的角色。对于母亲，它们都只剩下一个遥远而本能的回忆。

罗丝博士举了非洲农民清除象群的例子。由于数量增长过快，不少野象闯入农场和农庄，造成农业大面积的巨大破坏。为应对这一情况，并出于怜悯，起初，农民只将成年象杀死，将幼象留下。但是，这些幼象在成长的过程中由于缺乏成年象的监督，不知道如何像成年象一样规范自己，变得比先辈更加暴力。因此，农民不得不采用一个骇人的办法——将整个象群尽数清除。"我想，类似的问题也折磨着圈养虎鲸。"罗丝博士说，"虎鲸'孩子气'式的暴力与攻击，是由于缺乏正常成年鲸的教导，故无法得到规范和制约。它们身边的成年鲸，要么出生在圈养环境中，要么在年幼时即已被捕获，长大过程中自身的行为一直未得到规范和制约。不暴力的圈养鲸只是因为其天性和性格如此，暴力的鲸则是因为其行为从来未得到社会的规范和制约。"

供职于海洋世界期间，很长一段时间内，我都将内奥米·罗丝视为恶敌。她是当今最杰出的海洋哺乳动物学家之一，她对我们这群驯鲸师每天的辛勤劳动颇有微词。公司的忠实拥护者们——从官方代言人到公众中的忠实信奉者——都认为，她违背了自己作为科学家的中立原则，鼓吹的东西将完全颠覆公司运行方式。正因如此，公司常公开嘲讽她的研究，而她的批评也常让我对公司的未来——即自己的工作安全——感到焦虑。就像公司所有的忠实粉丝一样，我对她和她的研究向来不屑一顾。

我为什么要去关注？我爱这些鲸胜过一切，而且我敢肯定没有人会比我更了解它们。和其他驯鲸师一样，我与它们朝夕相处，有时一天甚至会一起待上 12～14 个小时。我了解它们所有的需要，包括它们在海洋公园这个鲸族体系中的地位，而且知道应该如何调节它们之间的关系，以避免冲突。这里有纪律，有爱，我几乎比地球上的任何人都更了解它们，因此我不需要任何科学家来教训我。

当我从海洋世界离职，终于与她站在同一阵营，开始为纪录片《黑鲸》

宣传时，我们之间又有了一场不愉悦的冲突。看到我为纪录片 DVD 版补拍的镜头时，她面容阴郁地对导演加布里埃拉·考珀思韦特说，我在借对自己与卡萨特卡和塔卡拉之间关系的探讨，为驯鲸师的生活镀金，这除了会助益海洋世界的进一步壮大之外，别无他用。她还说，对那些没完整看过电影的人而言，我的这些镜头无异于在为老雇主做宣传。

她的话让我愤慨。我决定与她正面对垒，就凭她敢指摘我对鲸的一生付出。谁敢在我讨论卡萨特卡和塔卡拉或是其他任何一头鲸时，对我指手画脚？这可是我一生中最深沉、最伟大的一段情谊啊。

但是，冷静之后我渐渐认识到，自己所熟知的只是虎鲸馆里的鲸，那儿并不是鲸的自然栖息地，但这恰恰又是罗丝博士所擅长的，她与她的同事们倾尽大半生观察自然世界中的鲸，是研究海洋鲸类自由生活的真正专家。她认为这份 DVD 加长版本末倒置，对那些没看过我其他采访的人而言，这个加长版会成为一份美化海洋世界和圈养鲸的宣传片，而这恰是我坚持要在这里完整叙述整个故事的原因。至此，既然我们都认为圈养是残酷的，那么继续争论的意义何在？就这样，几个月后，待彼此都冷静下来，我们又恢复了通信。2014 年上半年，在加利福尼亚的新闻发布会上，我们终于尽释前嫌，相互拥抱，像战友一样，投入到拯救海洋世界的虎鲸的行动中。

写作这本书时，我曾特意向她请教："海洋中虎鲸的一天是怎样的啊？"

她笑道："海洋中虎鲸每天的生活都有所不同，并没有像海洋世界中那样规律的日常生活。对它们而言，每天都是新鲜的，对生活在西北太平洋海域的虎鲸尤为如此！"

罗丝博士曾和同事乘着一艘 15 英尺的充气橡皮艇，在海洋中观测了整整一年的虎鲸，其中一个季节是在不列颠哥伦比亚温哥华岛的约翰斯通海峡上一个坐落在悬崖边的观测站度过的。清晨时，他们坐在橡皮艇上，望着水中的一个虎鲸家族就像水上芭蕾表演那样休息着，雌性头鲸端居正中，而成年雄鲸如保镖般守卫两翼，所有的鲸都带着平静而规律的节奏，像唱着大协奏一般呼吸。"这一幕真是美丽。"她高兴地说道，"它们每隔10到12秒左右呼吸三到四次。"然后又稍稍地潜入水中，休息2～3分钟，而后再次升上来、沉下去，如此往复。通常，当它们处于这一状态（即最接近于睡眠）时，潜得都不会太深。罗丝博士说道："实际上，即使是成年雄鲸的背鳍都不会完全没入水里。"这一状态和我们通常所称的"睡眠"很是不同，因为它们并非一动不动，但同时也并非完全清醒，研究专家们把这一状态称为"休息"。

听到这里，我脑中不觉浮现出考基睡觉时的模样，它每隔几分钟便会沉入水中，没想到它这种不同于海洋世界中其他鲸"睡觉常态"的行为，恰恰是最自然的表现。毕竟，它生于海洋。

当虎鲸一家挤作一团休息时，它们的胸鳍在水下相交，彼此的身体是相互接触的。它们并非浮于水面不动，而是随着每一次入水，它们都用尾巴轻打着浪，推动自己慢慢前移。它们尾巴的动作很轻，以至于如果遇到稍大点儿的浪时，它们的身体便会被向后冲去。

通常，当虎鲸休息时，家族中都需有一只特派"哨兵"保持完全清醒。在海洋世界，所有的虎鲸都被公司强制在孤独、漆黑的寂静中休息8小时，但在海洋里，它们通常只休息2小时左右，甚至是20分钟，恢复清醒的时间点通常由雌性头鲸决定。

当"起床"的命令下达后，和谐的宁静与富有旋律感的呼吸即刻停止，整个家族再次散成一个个独立的个体。但是，一到行进和捕食时，这种潜入潜出的"水上芭蕾"式队形又会再次出现。只有到交际或做私事，如发声、交友、快速游动、游出在休息期间胸鳍紧密相交的圈子时，它们才会打破这种和谐的队形。

捕食时，虎鲸相互之间相隔 1 ~ 10 个等身长，仍保持休息时的队形，但带着完全清醒的状态，向前游行。它们一边向前，一边不断下潜，以两三个短潜接一个长潜的方式，向猎物奔去。它们潜水的步骤转换很快，游速可达 4 ~ 8 节。虽然呼吸的节奏与休息时并无差异，但这时深潜，它们的身体完全没在水内，可深至水下 30 ~ 60 英尺，高大的背鳍完全浸没在水中。以这样的方式，它们能以每天 8 ~ 10 节的速度游上 100 英里。但这还不是它们的海中日常。通常，它们会游上 20 ~ 30 英里后再停下来，做些其他事。"有时，"罗丝博士说道，"你可以看到鲸群以高达 15 节的速度游动，有时甚至以 25 节左右的速度短暂冲刺，我们也不知它们这样行色匆匆是出于什么原因，像这样快速冲刺的现象并不常见。"

搜寻食物（专业的叫法是"觅食"）时，虎鲸通常游到鱼儿聚集寻食的地方捕猎，这也是它们常来的狩猎地点。有时，假如有猎物可寻，它们也会开辟新的觅食地点。常见的捕食场景是：它们猛扑过去，鱼四散逃走，然后虎鲸紧追不舍。

紧追之下，鱼群通常无生还之机。"虎鲸的转身非常灵活"，罗丝博士说道，"它们能对折转身，跃出水面，用尾巴挑或猛击鱼群，将其击昏。"有时，在虎鲸捕食过后，他们能在橡皮艇上看到一层在水中荡漾的油膜，这正是一只又大又肥的鲑鱼被吞食后留在海面上的唯一痕迹。

站在橡皮艇上，望着这个比任何一家虎鲸馆都大的舞台，虎鲸的真实生活可一览无遗。即使到了晚上，由于会触发水中的发光浮游生物，虎鲸们觅食的踪影依然清晰可见，黑暗中，你可以看到它们正在追踪猎物。"在水下，大型的王鲑会发出一种淡绿色光，而虎鲸的白色皮肤则会发出一种亮绿色的光芒。"罗丝博士说道，"你可以清楚地看见一小道淡绿色的条纹如离弦之箭一般，从海藻床直冲向海峡的中间，而它的身后则跟着一条状如彗星的亮绿条纹。"罗丝博士还和同事一起，在悬崖下的水中安装了一个水中听音器。借此，他们能够听见虎鲸不断发出的定位声波还有大声而急切的呼唤。她说，本地鲸在捕食时会"发出一连串巨大的声音"，而相比之下，"候鲸"因为所追捕的多为较聪明的哺乳动物，因此会静悄悄地跟踪在猎物后，只在猎杀成功后才会发出呼喊声。我不知道这是否能解释击水在与我表演那晚的沉默。

虎鲸的觅食时间与次数并不规律，通常为每周4次。当它们填饱肚子后，就会静下心来交际，在一个小地方范围内转动。它们通常先游动一点距离，而后"对折转身。有时在交流时，它们的行动甚至是无任何方向的"，罗丝博士说道。母亲们会和自己的幼鲸一块儿玩耍。成熟的雌鲸聚在一起闲逛。"我想它们是在聊八卦。"而年轻的雌鲸会在一边照顾小弟弟或小妹妹，甚至其他的幼鲸。罗丝博士解释道："这正是它们练习为母之道的一种方式。"兄长或者是其他年长的雄鲸亲属，比如叔叔，也会加入照顾幼鲸的行列，但它们的任务只限于照顾弟妹或是侄子和侄女，而来自母族之外的成年雄鲸则被禁止与幼鲸待在一起。在海洋世界，曾有一头1岁半大的幼鲸的父亲，在幼鲸的母亲被运走后，试图担负起养育的重任，但是，这头名为海琳（Halyn）的幼鲸，因为感染，导致脑部肿胀，最终在2008年6月死在我的眼前。那一年，它只有2岁半。

当雌鲸围聚一起时，雄鲸也会抱作一团。"这正如男人们常聚在一起吸烟、喝啤酒以及看足球一样。"罗丝博士解释道。年长的已性成熟的雄鲸则在这时离开家族，有时几个小时，有时1~2天，到其他家族中与雌鲸交配。而年轻的雄鲸也不会闲着，它们会相互之间练习交配。有时，更惊人的是，它们会与它们的"奶奶辈"练习交配。在同一虎鲸家族内，具备孕育能力的雄鲸和雌鲸间不会交配，但是，年少未成熟的雄鲸会和同一家族内已不具备生育能力的"奶奶辈"交配。这些雌鲸因为不能生育，所以不会引起雄鲸的性尴尬。而且，对这些年少的雄鲸而言，这亦是学习的一部分。

和人类一样，虎鲸和海豚是地球上少数几个以性为乐的物种，繁衍并不是它们交配的唯一目的。在其他动物身上，性并非渴望，而更似一种荷尔蒙冲动的本能。虎鲸很享受性，和人类一样，它们对性对象的选择有严格标准，但这并不意味着它们会禁止同性恋。无论是在大自然还是在海洋公园中，我们常能见到两头雄鲸露出勃起的阴茎，彼此纠缠在一起。

雌性虎鲸是哺乳动物中罕见的有绝经期的一种。大多数哺乳动物在生育停止后，都会很快死去，但虎鲸与人类不会。这种绝育之后寿命仍延续的意义是什么呢？也许，正如年轻雄鲸会与"奶奶辈"的雌鲸"调情"，其意义就在于教化和训练下一代。研究者认为，这种"调情"方式可给予年轻雄鲸一种地位存在感，并有机会通过母亲的引见，结识可交配的年轻雌鲸，增加繁衍成功的机会。同时，通过这样的交际，上一代的有用知识，如捕猎地点等，亦得以传授给下一代。

交际既能发生在家族之内，也可发生在不同家族之间。当同一群落内的不同家族相聚之时，交际就会发生。罗丝博士说，有时，这种壮观的相聚场面会持续4～5天，"它们时而破水而跃，时而高扬其尾，时而浮窥，时而翻跟斗，还会游戏似的相推、相挤，以胸鳍相击，疯狂肆意地鸣叫。"在南方群落内，当两个家族相遇时，它们还会面对面排成两排，向着对方慢慢游去，交汇之时，欢唱开始。

此外，在相聚之时，它们还会集体整饰。北方群落的鲸会在约翰斯通海峡水下十几英尺处的鹅卵石上摩擦身体，离沙滩不远的布满岩石的水下坡更是它们摩擦蜕皮的好去处。罗丝博士说，当成年雄鲸磨皮之时，你甚至能看见它们的背鳍在水上划动。这样大型的磨皮仪式，有些鲸群会一周进行一次，有些则可能一季度才做一次。

为了磨皮，生活在南极洲海域的虎鲸甚至不惜向北长征至南美和非洲海域。这种远征并非季节性的，因此难称迁徙。它们连续游上40天，往返跨越8000～9000千米，游至温暖水域，把在寒冷的海水中无法褪去的皮磨掉。虎鲸身上的白色皮肤若长时不褪，则会泛出棕色。

在海洋世界，驯鲸师每天都会为鲸磨皮，他们用手擦，用指甲刮，用大刷子刷，每次磨完皮之后，手和指甲都如喷了漆一般泛黑，它们身上待磨的死皮实在太多了。

虎鲸的寿命到底多长？对这一问题，各界争议较大，因为海洋世界坚称他们园内的鲸的寿命和海洋中的一样长，甚至活得更久。

2005年，加拿大科学咨询秘书处（CSAS）发表了一篇有关北方虎鲸群落的研究论文，文章指出，雌性虎鲸的平均预期寿命为50岁，雄性为30岁。两者有差异，是因其最大估计寿命不同。雌性虎鲸最高估计寿命为80~90岁，少数可能更长；而雄鲸最长只有70岁。海洋世界计算其园内鲸的平均寿命为46岁，但罗丝博士对这一数据的有效性存疑。她认为，虽然在过去的半个世纪里，海洋世界共有过68头鲸，但样本的数量依然太小，不足以做出有价值的推断。

虎鲸协会成员霍华德·加内特认为，2005年的这份研究报告调查严谨，对1973年至2000年年初生活在北方群落与南方群落中的鲸的相关数据统计准确。但是，他也认为，由于在调查开始前，那片地区有过几十年的大规模射杀和有目标的轰炸活动，鲸群落的真实预估寿命应当存疑。此外，在20世纪60年代到70年代初期，南方群落的鲸群还是各类海洋公园表演鲸的产地，正如报告所说："这确会降低鲸群数量，改变其性别及年龄结构。"事实上，南方群落的鲸群数量自这二三十多年的捕杀后，再未恢复过来，它们是整个北半球唯一有灭绝危险的虎鲸群落，受到《濒危动物保护法案》的保护。（海洋世界宣称他们只有5头从野外捕获的虎鲸。更准确地说，他们实际上曾拥有过32头从野外捕获的虎鲸，但只有3头活了下来。）

我是一名驯鲸师，数据分析非我所长，但我有丰富的经验，我知道海洋公园内鲸的寿命。海洋公园一共死亡过40头鲸，加上死产和流产的，总计为50头。在这40头中，既有生于并死于园内的，也有在一定年岁时被捕获的。这样算来，它们的平均寿命为 10.5 年。如果算上死产和流产的，则只有 7.5 年。再算上那些在这儿出生，寿命长于 10 天的，园内虎鲸的平均寿命应为 8.8 年。

海洋世界酷爱提及考基，它现年 48 岁，是世界上年龄最大的圈养鲸。有争议称，迈阿密海洋水族馆的洛丽塔（Lolita）也许比它年龄稍大一些。等考基去世，海洋世界虎鲸寿命的平均数据可能会被拉长，但也只会稍微拉长一点。在海洋世界，其他鲸尚且需活上很多年，才能使这儿的平均寿命接近 CSAS 的研究数据。

在海洋世界的 68 头鲸中，只有两头雄鲸刚过虎鲸报告中的平均寿命——30 岁。而雌鲸则无一头达到，包括考基在内。

CHAPTER

7

第七章　　守　护

我知道塔卡拉就在池中某处，我的脸能够感受到水中传来的像蜂鸟鸣叫一般的振动声。只是这时，飘向我脸庞的不是气流，而是水波，是一头 5000 磅重的虎鲸而非微小的蜂鸟发出的回声。严格来说，它是在朝我发出信号，通过脑内的声呐向我发出声波并接收，以确定我是谁以及我在水下的具体位置。这样的发声不仅是确定，更是一种心灵感应，是在表达它见到我的兴奋以及将与我一起表演它喜欢的动作的激动心情。

它从后池一路闪电般地向表演池游来，我潜在水中，池边是挨挨挤挤地围坐着的几千名观众。在快速向我游动的同时，它看到了我做出的特定动作指令，做好了准备。它游过我身边，然后转着圈游到表演池的另一端，在那儿将头露出水面，朝观众鞠了一躬，而后再潜到深处，游到我的身边。它的目标很简单：在我的正前方，从 36 英尺深的池中，像发射的火箭一样垂直地跳出水面，高度需恰到好处，不能完全脱离水面。动作完成期间，它还不能与我有任何的肢体接触。驯鲸师将这套动作称为"怪兽诞生"，因为它看上去很像电影中的怪兽胚胎从人类宿主的身体中喷出一样。塔卡拉对这套动作得心应手，观众席不时爆发出阵阵掌声。

尽管是因意外诞生，但塔卡拉确是海洋世界的公主。它的母亲是卡萨特卡，卡萨特卡历经加利福尼亚、佛罗里达以及得克萨斯三家分馆，是整个海洋世界中的元老。自从 1978 年一岁时被人类在冰岛海岸捕获，卡萨特卡就成了这里最具社会地位的头鲸之一，在我供职于加利福尼亚分馆期间，它一直是说一不二的存在。1990 年，卡萨特卡从得克萨斯分馆旅居归来，圣迭戈的驯鲸师便发现它怀孕了。大家不觉大吃一惊，因为我们从来没有制订过卡萨特卡的繁衍计划，况且，我们也无法确知孩子的父亲是谁。根据流言，它曾在圣安东尼奥分馆，隔着池中的一道铁门，与一头名为柯达的年轻雄鲸交配。距那次邂逅 18 个月后，1991 年 7 月 9 日，塔卡拉出生了。

"塔卡拉"在日语中意为"珍宝"。平时，我们都称它为"提基"。和母亲一样，塔卡拉左眼圈的白色皮肤上也有一块黑斑，非常好认。此外，在它的下颌尖，有一块棕色斑点，但只在双颌闭上时才能看到——这是它的另一块胎记。提基非常顽皮，整个职业生涯中，我曾前后接触过 20 头鲸，它可算是最难对付、最为聪明的一头。十多年来，我们的生活多次交叠，我真的非常爱它。

我爱它，并不是因为它温顺可人，而是因为它强壮的身躯、聪明的头脑还有难对付的脾气，它是一个彻彻底底被宠坏的小孩，却又知道何时表现自己的坏脾气最合适。和许多人格魅力极高的人一样，它善于掌控身边之人，以得偿所愿。这一切都只因为它有一位一直对它循循善诱、教导它如何成为王者的母亲。

如前所述，卡萨特卡虽不是海洋世界中身躯最大的鲸，但却无鲸敢惹它。提基常伴它母亲身边，所以其他鲸自然也不敢得罪它。每当卡萨特卡恐吓其他鲸时，它就是小帮凶，它会用牙齿耙对方，造成的伤口轻如其他鲸用牙擦过的伤痕，重为狠咬一口、血流不止的深深伤痕。有时，它还会趾高气扬地在水中游动，其他鲸纷纷让道；有时，它会用力地冲出水面，再重重地撞进池里。

海洋世界最终也学会了将它这些天赋之能用在管理上。圣安东尼奥分馆深感那儿的雄鲸因为在小部落中缺乏雌鲸的鞭策而懒惰迟钝。驯鲸师们常借雌性头鲸约束其他鲸，但在圣安东尼奥分馆，最接近它们社会体系顶端的是一头雄鲸，它的统治和自然世界中虎鲸社会的母系氏族传统不符，因此，这儿的社会结构散漫而混乱。正因如此，2009 年，公司决定将塔卡拉从佛罗里达分馆、从它母亲的身边运到此地，它刚一来到，在第一天就坐上了这儿的统治之位。

虎鲸公主降临那天，威风凛凛。一架 C-130 军用运输机载着它从佛罗里达飞过来——超大的体重，再加上水箱内的水，足足有 35000 磅，军用运输机是唯一可用的选择。作为分馆的驯鲸师，我凌晨 4：30 就赶到了机场接机。待起重机将它从机上卸下后，它被安放在一辆 18 轮的运输车上，前后都有警察护卫着，被送到得克萨斯分馆。它巨大而挺直的黑色背鳍从车子的顶部露出，为身处内陆的得克萨斯添上了一抹梦幻的色彩。

到达公园后，我们先将它卸在 8 英尺深的医护池里，这是园内四个水池中最浅的一个。一进池，它便开始进食，看上去似乎并没为漫长的旅途而疲累。通常，对鲸而言，长远的旅途留下的创伤需数天恢复，而后才开始进食。因为它们的体重极重，所以需不断进食，否则将有生病与死亡的危险。塔卡拉的情形则更为复杂，那时它已有 7 个月的身孕，必须进食。

这是它怀的第三胎，从前两胎的经验以及母亲的教诲中，它深深地明白进食并非只为自身，更为未出世的孩子。我敢肯定，那时，它所考虑的可能还不止于此。自从与母亲分别后，它 3 岁大的孩子荷哈娜被送到西班牙；当它被运到得克萨斯时，它 3 岁的儿子特鲁阿（Trua）却被留在了佛罗里达。因为它的身体状况恢复得不错，所以，我们便打开医护池的门，让它游到一个更大更深的后池里。后池旁，与它一门之隔的是两头雄鲸，丘科特（Kyuquot）和图阿（Tuar）。它们感知到塔卡拉的存在，便用身体狠狠地撞击池门，想用声音吓住它。

若是其他鲸，恐怕早已被这样的阵势吓倒，毕竟，5000 ～ 8000 磅重的鲸撞击铁门所产生的巨响和振动非常骇人，如地动山摇。塔卡拉的池前有两道门，丘科特撞一道，图阿撞另一道。

但是提基并不畏惧，它立即游到每道门前，轮流反撞回去，它撞门的力气甚至更大。巨大的声响在人类听来非常可怕，至此，两头雄鲸再不敢撞门。鲸的力气巨大，它们单靠身体就能撞弯门，有时甚至能使整个铁栅栏变形，撞出的缝隙足以使一个成年人潜水游过。在海洋世界，这样的事件发生了几次后，我们就不得不用起重机把整道大铁门从池中取出，然后驾驶起重机，压直损坏的金属，将破坏的栅栏修复之后，再放回池里。

为巩固自己圣安东尼奥分馆鲸中女王的地位，撞门事件后，提基很快便开始了"不择手段"的"上位"计划。它首先估计了池中的社会形势。池中雄鲸里，丘科特体形最大，其他三头——乌娜、图阿和克特——都臣服于它。塔卡拉知道，自己怀有身孕，无法以一敌四，但它自有妙计。它知道克特性格内向，又跟自己是老相识，早在到此之前便已臣服于自己。因此，它要做的就是让那"暴力二鲸组"明白，它对它们的"待客之道"的回应绝非异常，它要将它们各个击破。

它第一个"击破"的便是图阿。同居一池后，它立刻用牙齿狠狠地耙图阿，图阿的头顶留下了一道重重的伤痕，它精神崩溃，从此对塔卡拉充满畏惧。之后的环节里，当我们把所有的鲸唤到跟前，并让图阿游到塔卡拉身旁时，它把胸鳍围成了一个防守的姿势，很明显紧张至极。它终于知道谁才是池中之王，再不敢惹塔卡拉。而塔卡拉呢，则似乎对它不屑一顾，全神贯注地望着我，对图阿表现出如同贵妇对待宵小之徒一般的不屑。

其后，它又开始专心对付丘科特，我们给它取了个昵称"基"。基的体重超过8000磅，塔卡拉5000磅的体重显然与其不是同一数量级。此前，我们一直将它俩分开，以防"撞门事件"之后再起冲突。毕竟塔卡拉怀有身孕，身体孱弱。但最终，它们还是相遇了。在这之前，塔卡拉对它的看法如何，我们不得而知。但相遇之后，它便一次又一次地对基獠牙相向。基并未还口，身上多处受伤流血，看上去让人十分心疼。它在池中拼命地游动逃脱，始终没有还击。

这种耙伤事件我们无法避免，因为所有的鲸终将会见面，一起表演。在有需要时，头鲸要向鲸群贯彻自己的意志，维持纪律。有时，耙伤太过严重，我们不得不叫来兽医为它们开抗生素，防止伤口感染。但是，基自此再未质疑过塔卡拉的领导地位，而接受了它的统治，塔卡拉终于可以对基为所欲为。这正是圈养环境下虎鲸的生存之道。

塔卡拉、卡萨特卡和弗蕾娅的身上有着一种力量与智慧的完美结合。这种结合，以及虎鲸凭此种结合与人类相处的方式常让我着迷。在我的驯鲸生涯中，塔卡拉是一个独特的存在。人类对鲸类知之有限，不足以定义"鲸之道"为何物，而我，凭借自身经验，只能粗略地把它类比成一种睿智、极喜交际以及带着似无邪似野蛮智慧的结合。鲸的气质里还有神秘，无论何时，它们都是一群非常神秘的生物。

通过情感类比，我们对它们的行事之道可以猜出一二。例如，母性就是人鲸共通的一个很好例子。塔卡拉极像它的母亲，尽职尽责，为孩子不惜奉献，不知疲累，正如人类社会中的完美母亲一样。

2010年1月7日凌晨，怀胎近18个月之后，塔卡拉终于生产。当我赶到馆内时，只见它静止在水面上，肚子朝着我，幼鲸的尾鳍已经出了子宫。这是一头雌鲸，因为它腹侧长着两条乳腺。我望着塔卡拉的脸，知道此刻它一定非常痛苦。怀孕的最后几个星期，日子日渐艰难，但它仍坚持表演，完全不顾自己几百磅重的身孕。为照顾它的安全，确保孩子顺利出生，我们不得不取消它"水中旋转"以及"滑出浅水"等日常项目。但是，尽管肚子越来越大，它仍坚持表演，没落下一个动作。

到馆45分钟后，生产结束，我目睹了全过程。生产完后，塔卡拉立即领着它300磅左右的孩子游出水面，开始孩子的第一次呼吸。女儿的名字为"盛"（Sakari），是由投票选出的。"盛"是我提出的，日语中为"顶峰"之意，象征虎鲸站在海洋食物链的最顶端。没过几个小时，塔卡拉便开始为盛哺乳。

下午时，胎盘出来，我又一次见证了这一时刻。因为鲸妈妈有时排出胎盘非常困难，所以驯鲸师常需为其人工收尾。胎盘越快从池中移除越好，这既是为鲸妈妈和幼鲸的安全考虑，也是因为胎盘上附有大量细菌，这些微生物会损害它们的健康。有时，鲸生下一个死胎后，对胎盘仍会非常执迷，以为那是自己的孩子，还有时，它们甚至会以为胎盘是自己和幼鲸身体的一部分，要想移除，十分危险。幸运的是，这已是提基第 3 次生产，它已然明白规则，在胎盘排出后，它甚至主动把它朝我的方向推过来。

但是，移除胎盘是一件十分费力的工作。胎盘重达 60 ~ 80 磅，需有另一名高级经理的协助才能移除，我们趴在一块 6 英尺高的亚克力板上，下到水里，推着胎盘，直到把它移出水面。整个过程动作越快越好，这不仅是为健康考虑，还因为胎盘的吸水性极强，没几秒钟就会变得很重。

据罗丝博士说，在海洋中，虎鲸一直在游动，即使睡觉时也不停止。但在幼鲸诞生后的近三个月里，塔卡拉的游动带上了几分焦虑，它不敢慢，也不敢休息，生怕幼鲸不小心撞到池壁或池底。除此之外，还有另一个重要原因——幼鲸至少需三个月才能学会不靠游动来吸奶的动作技巧。这即是说，倘若浮在水中不动，它们就不知如何吸奶。本来看似简单的一件事——静止吸奶，在圈养环境下却成为一种学习行为。对海洋中的虎鲸母亲与幼崽而言，游动是自然之举，但在人造的池子中生存，它们只能学会静止。

正因如此，要让幼崽学会静止，母亲必须不断游动。为了给一直绕着池子环游的塔卡拉喂食，我们必须探出身子，把手伸到它嘴里，在它游过时，把鱼放进去。

当塔卡拉终于对幼鲸的运动、协调以及静止吸奶的能力放心时，它就一动不动地，带着一身的疲倦浮在水面上休息，而幼鲸则在它肚子上的乳腺处，在它身体的曲线开始收紧的地方吸奶。哺乳期长达两年，塔卡拉教幼鲸成为头鲸的技巧，在保护它不撞到墙的同时，还需保护它不受其他鲸的欺负。

尽管其他鲸不大可能欺负雌性头鲸的后代，但仍须小心提防。在日本曾发生过这样一个事例，几头成年鲸隔着门的铁栅栏抓住了另一头鲸的幼崽，并把它朝自己的方向拉，结果将幼鲸撕成了几片。因此，不论何时，塔卡拉都必须保证它的孩子安全无虞，这或许也是它一到圣安东尼奥分馆就急于建立统治的原因吧。在孩子降生前，它能有足够的时间确立权威。

2009 年 2 月，当海洋世界决定将塔卡拉运到得克萨斯分馆时，我高兴得不能自已。2008 年 3 月，我回到圣安东尼奥分馆工作。在圣迭戈分馆工作时，我常爱和卡萨特卡以及塔卡拉母女一起合作。在那时，提基尽管年幼，却已小有名气。就像人类小孩总爱中途跑开去看电视一样，它也常在训练时跑开，不过看的不是电视，而是海洋世界的大屏幕。它非常爱看屏幕，而大屏幕上映出的正是它自己的形象。因此，我们便把这当成一个奖励，用于训练中。我对提基母女再熟悉不过，只要一听到它们从巨大的颅腔内发出的声音以及多种吸气和呼气声，我即能猜到它们的心情。鲸的一种声音代表它的一种心情，它们通过声音的微妙变化来反映心情的好坏。要学会辨别这种复杂的发声模式非常费时，但随着经验的精进，你最终会准确地读出它们的心情。

鲸的发声非常复杂，也许我们用一生的时间也无法完整解读它们的语言。但我们却能通过自己的感觉，依靠它们发出的声音来感知它们感情的变化。对我而言，我能分辨它们哪些声音表示高兴，哪些表示兴奋，哪些表示亢奋，以及哪些为求偶信号。除此之外，驯鲸师还需对一类声音警惕——烦躁的叫声。因为这可能是攻击或展示敌意的先兆。正是通过这类神秘的、看似无法理解的发声，我们得以一窥鲸的内心世界。

当提基来到得克萨斯分馆时，我们已分别整整 8 年。它还能记得我吗？有些老驯鲸师们认为，只要一年不接触，鲸便会将人忘掉。我不相信这是真的，虎鲸也能拥有长久的记忆的。

我对此有着亲身的体验。在圣迭戈分馆时，我们常训练提基一个叫"拉拉链"的动作。这一动作要求虎鲸绕池边快速游动，而后，到达一特定位置时，破水而出，同时保持快速游动。到达佛罗里达分馆后，与原来的"手指轻滑，眼神命令"的方式不同，这里的驯鲸师完全用眼神指令。重逢之后，我决定测试一下它是否仍记得原来的指令，因此，我用两只手指轻滑过它身体的一侧，示意它"拉拉链"。尽管 5 年过去，但它仍然记得这一指令，一次就完美地完成了动作。

隔了这么久，对于如此微乎其微的一个动作，对于一位许久不见的驯鲸师，它依然可以记得如此之牢，这不正说明，虎鲸可以记得这些由数不清的几千次暗示、几千次交流建立起来的复杂而亲密的情谊吗？也许它们对驯鲸师的感情和常人不同，这种感情只需用一些微小的点头以及表达情感的手势便可建立，但它们的感情自有深度。我相信，鲸能明白所有的事，并将其转换成一串串刺激、一段段能被人类读为感情的记忆。

和其他虎鲸一样，塔卡拉也能分辨驯鲸师。这既有好的一面，也有坏的一面，因为这证明它会以好恶待人。很早以前，我便知道，塔卡拉很喜欢我。有时，鲸偏爱某一位驯鲸师，其原因相当随便，一个眼神，一个动作，甚至你的声音，你做指令的方式，都能成为它们喜爱或讨厌你的原因。例如，我们发现，卡萨特卡、塔卡拉和弗蕾娅偏爱男驯鲸师，对分配给它们的女驯鲸师有时较为冷落，勉强将就。

但更多时候，偏爱背后可能还有更为复杂的原因，这取决于交流方式的不同，像我就极度迷信触摸的力量，我觉得没有什么是触摸传达不了的。

提基爱和我做游戏。有时，我会把球或一些巨大的浮动装置扔向池中，而它则会往回扔，一边扔，一边发出快乐和兴奋的叫声。那些物体非常巨大，有的有几百磅重，而它却能把它们像发射导弹一样快速地扔回，物体有时撞到看台，有时撞到墙上，毁坏一地。它扔回的物体能将铁栏撞弯，把水泥块击碎，如果被它投掷的这些"玩具"撞到，你几乎再无机会站起来。对塔卡拉来说，空中抛物是非常奇妙好玩的一件事。但对一切嬉闹的分寸，它把握得很好，有时，它甚至会高兴且小心地把驯鲸师扔到邻近的池中，但绝不会伤到他们。它知道自己爱和谁游戏，也知道谁才是它真正关心的人。

通常，与塔卡拉在水中一起表演是一项不小的挑战。它身躯强壮，爆发力强，游动速度快，因此需要你有相应的驾驭能力。2009年10月，我与另一位圣安东尼奥分馆的驯鲸师带着塔卡拉和克特一起完成一个同步动作。动作的目标是人要和鲸一起沉入 40 英尺深的水底，然后让它们停下，在尾巴接触池底后迅速引体上升，我们则站在它们的吻突尖端，以飞快的速度冲向池面，然后，人与鲸像"跳跳箱"[1] 中的玩具一样，同时破水而出。在专业术语里，我们把这一动作称为"双人站式浮窥"。

要完成这一动作，除塔卡拉和克特要做到完全同步外，驯鲸师也必须在向上加速中掌握好平衡。但是，塔卡拉比克特游得快，当它游到池底时，须等上几秒，才能和克特一起上升。在水下，当鲸突然失速时，会影响站在它们身上的驯鲸师的平衡。因为水的浮力和人的重力，在等待的间隙里，人的身体会开始上浮，由于动力的丧失而把握不住原来的位置。这正是提基在等待的瞬间发生在我身上的事。等到大家终于排成一队，塔卡拉拍动有力的尾鳍，突然上升的力量使我的左足略微地移出了吻突的位置，悲剧就这样发生了。

当我的"优势足"移开的那一刹那，我知道事情不妙。脑中的想法一闪而过：我可能会从塔卡拉身上摔下，完不成整个动作。可当时的我依然自信自己平衡力出众，能够完成。但后来证明我错了，出水的那刻，塔卡拉巨大的力量把我的左脚彻底从它的身上拉了下来。我的身体整个朝前摔去。提基意识到事态不妙，在事后的监控上，可以清楚地看到它身体前弓想要避开我，有明显减速、停止的举动。但为时已晚，出水那刻，我从它身上摔下来，它的吻部以及跟在吻部后的 5000 多磅体重，撞到我身体的一侧，把我像扔布娃娃一样扔进了池里。

---

[1] 英文 jack-in-the-boxes，打开盒子即跳出一个奇异小人的玩具盒。

__海洋世界得州分馆，一个寒冬之日，我教丘科特（近9000磅重）做一个新动作（2012年）
[来源：丹尼尔]

__海洋世界得州分馆，辞职前的最后几日，我与塔卡拉拥吻、告别（2012 年）
[来源：丹尼尔]

就在这时，塔卡拉发出了声波，寻找我身体的位置。这种声波如蜂鸟鸣叫，但我却能辨认出其中的不同——声音中带着关切。它的声呐就像它的思想。以前在表演中，当它靠近我时，我也能用耳朵听到、用胸腔感受到它的声波，但这次的绝对不同，我听到的是一声像皮筋被拨动的"咔嗒"声，并且能感受到这种声波就在我左脑的顶部盘旋。这样的感觉前所未有，之后，我和其他驯鲸师开玩笑说，它当时潜入了我的脑中，读懂了我的心，说不定事实真是如此。

撞击发生后，我落在池中，试着恢复知觉，塔卡拉一边不断地发出呼唤，一边像只鲨鱼一样，绕着我游动，笔直的背鳍划破水面，直插空中。它并没有把我当成猎物，只是想探明我的伤势。

呼吸渐渐变得困难，我奋力浮出水面，朝着岸上的监护员打了一个响指，假装自己没事，这样他们就不会把提基紧急驱离，因为我需要它的帮助。我全身无力，掉落的位置在池中央，没有它的帮助，我到不了池边。

它还在朝我呼唤，我在水下轻轻地打了一个响指，示意它游到身边。然后屏住呼吸，双手抱住它的吻突，发出指令，示意它以胸鳍推着我，穿过表演池，游到其中一个后池岸边。它游动了，忽然，海洋世界最强壮、强硬的公主，化身成一位最温柔的救生员，随着它带我向安全的地方游动，我甚至感觉不到它的胸鳍触到我的脚。它把我送到后池池边，而后轻轻顶起我，这样，我不费任何力气就上了岸。这一套动作，我们从未训练过。一切只是因为它觉得我是它生命中重要的一个人，它想要我安全无虞。

我一身狼狈地被送到急诊室。工作人员给我照了CT，以探测有无内伤。塔卡拉的吻突撞到了我的胸腔，我不仅断了几根肋骨，前胸及后背的软组织也受到重创。医生说，这样的伤势足以致我死命。就这样，那一个月内，即使是轻微的肢体触碰也能让我剧痛无比，怎样都不舒服，就连躺着也成为一件痛苦的事。

但是，从这次事件中，至少我知道了一件重要的事：塔卡拉非常爱我，就像我非常爱它一样。几位驯鲸师新人给了我职业生涯中所获得的最高称赞，他们说自己最大的职业期望，就是有一天能与鲸建立一段像我和塔卡拉这样深厚的情谊。

CHAPTER

8

第八章　　在人造的伊甸园里

2000 年春天的一个上午，一支特殊的团队在圣迭戈分馆成立，我为自己能成为团队的一员而激动万分。因为当时的我在圈内资历尚浅，但仍成为这一被其他工作人员称为将"创造历史"的团队一员。这一历史性时刻便是世界上第一例雌鲸的人工授精。一时间，我觉得自己如同某种科学先锋一般。

授精计划酝酿多年。早在 20 世纪 90 年代，海洋世界便开始收集雄鲸精液。到 2000 年 4 月，经过 6 个月的艰苦训练后，卡萨特卡终于不再抗拒授精，我们也得以按照拟定计划一步步行动。它的荷尔蒙水平显示，那天上午，它正处于排卵期。将用于授精的精液早已从佛罗里达分馆收集好，并用飞机送达。

其实，从 1985 年起，海洋世界的虎鲸繁殖计划便取得了巨大成功。但公司觉得，人工授精可以更快地提高园内鲸群的数量。如果不这么做，圈养虎鲸的数量早晚会锐减至零，或因近亲繁殖（因为同一园内的虎鲸才能相互交配）

而遭受种种困扰。使用 C-130 或同等大小的飞机运输虎鲸的费用高昂，而且不能保证运达后能配对成功。一旦错配，将造成资源的巨大浪费。（由于 20 世纪 70 年代公众的强烈抗议，海洋世界此时已无法通过捕捞的方式来扩大鲸群数量。）

解决问题的方法就是人工授精，这样，海洋世界只需在雌鲸排卵时将雄鲸的精液运来即可。而驯鲸师和兽医需要做的，是通过对雌鲸尿液和血液的检测来跟踪其激素水平，甚至通过超声波来观测它们输卵管内卵子的发育情况。

训练卡萨特卡适应那根插入它身体内的管子，花了整整 6 个月。整个授精流程是，先令它翻转，背朝下，使它的喷水孔没于水中，在水中憋气 10 分钟。然后，再训练它适应兽医和驯鲸师对它阴部的抚摸，接着，把空气注入它的子宫颈内，打开子宫，插入授精管。那么，怎样才能防止它中途反应过度？毕竟它是海洋世界最危险的虎鲸之一卡萨特卡。

尽管此前它已经学会了背鳍朝下翻转，但那只是表演动作，是我们训练它们做身体检测前的预备动作或玩闹时的按摩动作，并非授精的动作。向它下令翻转并非难事，但这只是"万里长征"的第一步而已。

在海洋环境下，如有必要，出于进食、捕食以及自由游动的需要，虎鲸可在水中待上 12 ~ 15 分钟。但在圈养环境下，为达到海洋世界的繁殖目标，我们必须去训练它们当中状态最好的鲸，但即使是状态最好的鲸，待在水下的时间也只能达到约 10 分钟。训练卡萨特卡时，我们先训练它闭气 2 分钟，而后是 2 分半，接着是 3 分钟，一点一点地，逐渐靠近 10 分钟的目标——同时要始终确保它能意识到要保持完全的静止。每次增加的幅度不得过大，因为我们必须保证它不会在水中扭动或感到煎熬。如果直接从 10 分钟开始，那它一开始便会痛苦万分，训练将难以成功，所以我们必须慢慢地，像训练其他的表演动作一样，一步一步来。每次达到目标后，我们就用鱼或其他它喜欢的东西奖励它。授精计划是海洋世界的头等大事，因此，我们必须要让鲸觉得，这是一个积极的过程。这样，我们才能让它们一次又一次地接受人工授精，生出一个又一个的后代。因此，我们必须让卡萨特卡觉得这是一个快乐的过程。

练完闭气后，接着训练它适应我们对它身体敏感部位的抚摸。雌鲸的阴部和雄鲸不同，多两道缝，那是它们抚育后代的乳腺，第三条才是阴道。如果是雄鲸，缝内则为阴茎，勃起时就会外露。当卡萨特卡翻转过来后，我们令一些它信任的驯鲸师站在身旁，抚摸胸鳍，安抚它，让它觉得自己无危无恙。尽管授精的过程非常难受，但他们会一直守护身旁。只有这样，它才会真正安定。然后，驯鲸师开始打开它的阴道。打开的过程需要非常缓慢，需要每一步都让它安心，让它以为这是一个指定动作，是表演要求的一部分。

如今回想，我不禁觉得这一过程实在野蛮：我们竟然用行为训练的方式，让一头智商极高的动物，为了一家公司的利益，接受人工授精。但训练卡萨特卡的那几个月里，我从来没有意识到这点。那时，我以为这是对鲸有益的事。

作为小组成员之一，我的目标是要训练卡萨特卡逐步适应这一授精过程。第一步，我们先慢慢地将它的阴道壁扒开一点点，训练它对授精管的接受力，这样当授精的那天真正到来时，它才不会抗拒。我们把一根比圆珠笔还软还薄、经过润滑处理的细小塑料管插入它的阴道中，摸清它的阴道通路。每只雌鲸的阴道形状和结构各不相同，并非都如解剖教科书上列出的一般。我们必须摸清楚其中的结构，这样，在授精时，当我们把一根更大、更重要的授精管插向子宫颈的时候，才不会伤到它的宫颈内壁。我们慢慢地不断更换更大更厚的管子，让它逐步适应。

为了做到和真实的授精管一般无二，我们用了一根同等大小的软质塑料替代品，用它模拟真实的授精管，把空气注入卡萨特卡的子宫颈。同时，我们训练它对注入这一过程的适应力，因为在海洋世界，执行授精的是兽医而非驯鲸师，我们必须训练它对站在身旁的陌生人的忍耐力。兽医和鲸之间没有深厚的情谊，而且，他们也知道，假如越过防护栏，把精子贸然地注入一只未加精心训练、对他们的出现和侵入无任何准备的 5000 磅重的鲸身上，会发生什么事。在海洋世界，兽医很少和驯鲸师同行，他们通常都站在隔离墙的另一边。墙将鲸池与场馆的其他地方分隔开来。因此，训练时，我们便使用一个类似于兽医替身的道具，并经常更换，这样，卡萨特卡才会明白：陌生人的加入是整个授精过程的一部分。

对卡萨特卡而言，整个授精训练过程中，最难忍受的部分莫过于那些注入子宫颈的空气。每当我们把空气推进去时，它都会紧紧地闭上双眼。为了减轻它的痛苦，我们把塔卡拉安排在同一个池中。女儿的出现非常重要，它们一直形影不离，所以必须让它待在旁边，授精的那天也是如此。

训练的同时，兽医也通过尿液监测着它的下一个排卵日，他们紧紧追踪着它体内的促黄体激素、黄体酮以及雌性激素水平。执行授精的兽医托德·罗德克早已去往圣迭戈分馆现场取精。捐精者是佛罗里达分馆的提利库姆，精子取出后，将由飞机送抵，一旦卡萨特卡开始排卵，授精即告开始。通过声波图，我们可以知道卵子落入子宫的确切时间，只需在那时抓准时机注入精液即可。准备工作万事顺利，人人都开启高效工作模式，精准操作，我们不能让费尽艰辛取来的精液白白浪费。

如果说为雌鲸授精是一个充斥着各类声波图和化学试剂的复杂过程，那么，从雄鲸身上取精则不啻为一项敏感而危险的工作。克鲁小丑乐队成员汤米·李是"善待动物组织"的坚定支持者，他曾极为尖刻地指责海洋世界"让人跑到水中，拿一个装满热水的奶牛阴道帮助提利库姆手淫"。这当然不是海洋世界的取精过程，但也和他们最初构想的取精方式相差不远。

最初选定的捐精者是柯达，曾有传言它和卡萨特卡在圣安东尼奥分馆隔门幽会，才生下了塔卡拉。早在20世纪90年代初，公司已在它身上做过尝试。他们先同样训练它翻过身来，喷水孔朝下，而后，圣安东尼奥小组成员就握住它的阴茎，用为它手淫的方式令它射精。这种粗暴的方式引起了柯达的反感，它愤怒地直起身来，向正在操作的工作人员张开大口。因此，公司只能重新考虑这种用手取精的方法。

之后，驯鲸师又采用了一种看似不可能，但却非常巧妙的办法，在不强行用手的前提下，收集精液。他们把一头捐精者和它的性冲动对象——无论是雌鲸或是雄鲸——放在同一池里，将取精过程和性相关联。当捐精者全部或部分勃起时，再将其唤到身边，通过缓慢操作的方式，让它将取精与"性幻想"联系起来。就这样，通过一步一步、一个环节又一个环节的不断训练与奖励，鲸最终就能学会在驯鲸师的引导下勃起。

　　除非勃起，否则你很难一眼发现鲸的阴茎，但一旦勃起后，它就会变得非常大，颜色是粉色中带着白色斑点，足有 4 ~ 6 英尺长。但是，训练虎鲸勃起只是训练它射精的第一步，你还需给它时间让它明白你的目的。这需要它自身不断"勘察"，通过尝试不同的可能，以发现哪种结果是需要强化并且能得到奖励的。起初，会有大量的猛烈撞击，驯鲸师不会对此强化。通常，勃起之后，我们的下一步是看它是否会溺尿，我们并不需要它的尿液。这样一步一步地，通过鲸的想象的不断跃进，我们能够得到混有尿液的精液。但这种精液因被污染，所以不可用。靠着运气和小心的强化刺激，最终可以得到纯净的精液。这也是鲸对自身身体机能有超强控制力的一个有力体现，它们能在不受摩擦，而只在纯粹想象（以及行为科学准则的欺骗）的情况下射精。（收集精液之后还需注意，那位训练鲸勃起的驯鲸师以后都不得与这头鲸下水训练或表演，因为鲸可能会将他与自己的性冲动联系起来，引发攻击事件。）

　　收获较好时，一次能收 50 毫升，即是 3 汤匙多的精液。但我们的目标是要收集更多，因为精液对于海洋世界十分珍贵。精液是由一个扎在鲸阴茎根部的塑料袋收集来的，袋子经过彻底的清洁，不会渗进池中的盐水，也不会有任何能污染和杀死精液的杂质。射精后，驯鲸师要立即摘下袋子，迅速将其送往兽医的实验室冷冻。这时的每一分每一秒都非常宝贵，因为精细胞在离开虎鲸身体的那一刻，便已开始死亡。

　　并不是所有的虎鲸都能在人工引导下射精，这要求鲸需有极强的心智能力。例如，海洋世界曾用几年时间训练基（1991 年出生）射精，但它自始至终都没弄明白整个训练程序的状况。

至今为止，只有三头鲸（尤利西斯、克特和提利库姆）对整个过程适应极佳。三头鲸中，又以提利库姆最为多产，他在不到 20 年的时间里，通过自然繁衍和人工授精的方式，生育了 17 个后代，其中只有 5 头夭折。海洋世界从克特身上共取到 25～50 份有存活能力和生育能力的精液样本，至今仍冷藏在库中。关于尤利西斯，虽然它整个过程都很配合，但根据实验室提供的数据，它的精液不具备孕育能力，至少起初如此。2010 年，多恩·布兰彻事件发生后，海洋世界宣布，尤利西斯的精液在 2013 年已使一头 8 岁的雌鲸卡莉亚（Kalia）怀孕。如有机会，我真想一睹它的 DNA 检测数据，看看是否真实。

还是再回头谈一下卡萨特卡吧。

在授精训练的 6 个月里，我大部分时间都站在它的生殖区上训练它适应授精管。有的时候则是控制住它，命令它翻过身来，与池边平行。我握住它的胸鳍，对它施以安慰。2000 年 4 月的那天，授精真正到来。那天，它的激素水平显示排卵期已到。团队成员全体出动。它平行地侧身靠墙而浮。而后，随着一道指令，它望了一眼驯鲸师，深呼吸一口，翻过身来。我们用手指指向它没在水下的眼睛部位，而后，顺着它的身体移向尾鳍，示意它将尾巴放到浅水区中。接着，按照训练，我们握住它的胸鳍，安抚它，直到它完全放松。它尾鳍的一部分贴在池壁上来保持稳定，身体躺成一条笔直的线，头则翻过来没在水中，朝向池中。不远处，它的女儿塔卡拉就浮在一旁，按着驯鲸师的指示安静地游动着，尽量不惊扰到它。

万事俱备。训练时，我的工作是握住它的胸鳍，如果它的尾巴移出水面，我就会把手放在池中，贴到它眼睛附近，这样它就能看清我的指示，重新归位，保持尾巴不动。如果它闭上眼睛（训练时常有发生），就把手指贴在它的头上，朝着尾巴方向，顺着它的身体移动大约一英尺距离，再次示意它归位，保持不动。

正式授精时，由控制住卡萨特卡的驯鲸师向其他驯鲸师和兽医托德·罗德克发号施令。何时该越过防护栏？授精是否继续进行？如果卡萨特卡行为变化，出现不适甚至攻击的先兆，是否该躲到栏后，以保证自身的安全？这些都由这位驯鲸师来决定。

与此同时，其他驯鲸师和兽医则通过贴在它腹侧生殖区内蒂上的超声波设备追踪它体内的卵子。当它到达掉落点时，驯鲸师便打开阴道壁，海洋世界最严肃的"生殖专家"，兽医托德·罗德克博士越过防护栏，开始帮助雌鲸授精。罗德克博士负责用提利库姆的精液使卡萨特卡受孕，没人敢惹他。如果有人不小心惹到他，他就会朝那人大吼大叫。按照他的示意，授精管插了进去。

有时，卡萨特卡会抬起头来，看看腹部发生的情况。尽管依然平静，但卡萨特卡一有动作，正在看着仪表的罗德克博士就会大吼一句："让它静下来！"

一支润滑过的大管子伸了进去，把精液注入卡萨特卡的体内。管子与雄鲸的阴茎形状相同，但型号更小。通过管子，空气也会被注入，以打开子宫颈，使管子能插到最佳位置。精液注入不久后，卵囊破裂，精子到达卵细胞。而后，我们再把管子小心地拔出。我们一直握着它的胸鳍和尾鳍，直到每一个人都躲到防护栏后才放开。

罗德克博士在收拾仪器，我和其他驯鲸师望向水中的卡萨特卡。它翻过身来，整个授精过程中呼吸正常。我们奖励了它的乖巧。我们要让它知道，它已为自己，也为我们做出了一个巨大贡献。因此，我们喂它食物，抚摸它的身体，和它做游戏，确保它一切都好。兽医可以做他们想做的，而我想要的，只是卡萨特卡舒舒服服、平平安安。

受孕结果一个月后才出来，显示大获成功！怀孕18个月后，2001年，卡萨特卡产下幼崽中井（Nakai），海洋世界新的盈利时代自此打开，并美其名曰"遗传管理"。

人工授精计划执行时，我为自己能成为其中一员分外自豪。人工授精是使鲸的基因库多样化的一种方法，看上去确为一项崇高而科学的事业。

但很快，我才发现，鲸的福祉远非海洋世界议程上的最优先项。据《圣迭戈联合论坛报》，国际主题公园服务公司（一家总部位于辛辛那提的休闲咨询机构）董事长丹尼斯·施皮格尔说，根据他们公司的调查，海洋世界虎鲸的价格每只在1500万～2000万美元之间。人工授精计划实行的15年里，这里已有至少5头虎鲸幼崽出生；而海洋世界和其他至少两家主题公园间的精子交易，则又能为公司带来一大笔不可预测的收入。

但极高的身价，可观的收入，却并没有带来对虎鲸生活设施的任何投资。在我职业生涯的最后四年半，我供职于得克萨斯分馆，对此再清楚不过。尽管驯鲸师不断抗议，但除了每一场日渐昂贵的虎鲸表演背景切换，水池依然未变，未见扩充，而且，鲸还须忍受修建娱乐设施时的极大噪音。

这段时间里，得克萨斯分馆也未再重新粉刷被鲸出于厌倦而噬咬掉的标记画。海洋世界自称在水池改造上投入了7000万美元，但没有一分钱花在改善鲸的生存环境上。他们并未扩充，也未新建水池，而是把大多数钱都花在建设紧急设施以及升高后池地板上。事实上，地板被升高了3英尺，虎鲸的生存空间因此被进一步压缩。

根据海洋世界公开的运营数据，公司总资产为25亿美元，年利润几亿美元左右。那么，为什么自20世纪80年代后，水池再未被升级改造过呢？佛罗里达分馆和加利福尼亚分馆早在20世纪90年代早期便已修建近距水池，但得克萨斯分馆一直未修建。殊不知，这是一项通过吸引更多虎鲸餐厅顾客透过玻璃看见虎鲸，从而产生利润的工程。建造近距水池的目的也不是给予虎鲸更多的生活空间。直到2014年8月，纪录片《黑鲸》的播放引发了公众对海洋世界公司的义愤，其股价一日之内猛跌33%，海洋世界这才宣布扩建水池。

人工授精计划贯穿整个21世纪的前10年。2010年2月，多恩·布兰彻事件爆发后，公司指令，园内所有有孕育能力的虎鲸都要通过人工授精，以最快的速度，一遍又一遍地加紧生育。至此，我们一些人开始质疑这一计划的伦理性，但无人敢于伸张。尽管我们怨言不断，但他们却有一项特别的权力可制服我们——因为我们热爱虎鲸！

繁殖计划，不论是人工或是自然方式，都十分残酷。海洋里，虎鲸母亲和幼崽，即使是在幼崽成年后，也不会分离。诚如我从卡萨特卡和塔卡拉身上所知道的，母女之间尤为如此。当海洋世界把它们强行分离时，我正在法国昂蒂布公园追寻我的事业，虽没能阻止此事，却也听闻了其中的伤痛。

公司否认有分离母亲和幼崽的行为，每当有虎鲸妈妈与其后代被分配至不同分馆时，他们都一如既往地解释称幼崽已经断奶。不过虎鲸和其他动物不同，不论年龄多大，母亲永远是母亲，儿女永远是儿女，不可分离，虎鲸社会的整个等级体系即是建立在这种亲子关系之上的。

然而，为了使基因多样化、繁荣园内鲸群，海洋世界人为地把有孕育能力的雌性虎鲸在全国范围内转运。最残忍的是，他们还会通过人工或自然的方式，使未及年龄的雌鲸受孕。或者，他们会使刚生产完、身体还没有从怀孕的辛苦中恢复、幼崽还未长大的雌鲸接着受孕。在海洋里，雌鲸每隔 4 ~ 5 年才产一次崽，要到 13 ~ 15 岁时方才开始受孕，但在圈养条件下，海洋世界强行加快和缩短了这一生育周期。在海洋中，亲子不仅是一种生物关系，也是一种社会关系。从罗丝博士及他人的研究就可看出，虎鲸妈妈常教女儿为母之道，但在海洋世界里，这些出生于自然界的教育者已所剩无几。

塔卡拉再一次帮我认清了圈养的残酷一面以及人工生育方式的残酷本质。它是海洋世界第二头接受人工授精的雌鲸，用提利库姆的精液，诞下一头名为荷哈娜的雌鲸。正如前述，2004 年，海洋世界将它们母女从卡萨特卡和它的母系族群身边分开，将它们从圣迭戈分馆搬到佛罗里达分馆。2006 年，公司又将 3 岁的荷哈娜从塔卡拉身边带走，送到合作公司——位于西班牙加纳利群岛的鹦鹉公园。之后，塔卡拉又和提利库姆结合，生下一头名为特鲁阿的雄鲸。接着不久，塔卡拉又被迫与特鲁阿分开，被送到圣安东尼奥分馆。那时，特鲁阿刚刚 3 岁。2009 年 2 月初，有了 7 个月身孕的塔卡拉被送到得克萨斯分馆，我们就是在那儿再度相逢的。

虽然再次见面令我激动万分，但我明白这些年它的艰辛。它先与母亲分离，接着又与自己的第一个孩子，而后是第二个孩子分离。2009 年重逢时，它已怀过三次孕了。

如果说塔卡拉的一生是不断的分离，那么荷哈娜在加纳利群岛上的一生则是一团丑陋的乱麻。五年之内，它两次生育，两次都抛弃了自己的孩子，而且第二个被它抛弃的孩子在出生当年就死了。当它从母亲塔卡拉身边离开时，它还太小，没学到虎鲸的为母之道。说到底，它自己也不过是个孩子。

起初说到这些故事和新闻时，我只是伤心，以为它们不过是这项本意良善的计划中一两个异常的个例罢了。但到圣安东尼奥分馆与塔卡拉重逢之后，我才明白并非如此。

和塔卡拉的重逢让我不禁追忆起职业生涯中最快乐的那段时光，那是在圣选戈分馆和它的母亲卡萨特卡一块儿度过的时光。当它到达得克萨斯分馆的那一刻，我看到了它身上背负的不易。它身怀六甲，从佛罗里达分馆来到这儿，依然可以很快地适应状况，并保持坚韧不拔的品性，对着两头敢于用撞门来挑衅它权威的雄鲸树立自己的威望。生产后，它对幼崽盛的关爱无微不至，自己在池中拼命地绕圈儿游来游去，防止它撞到池壁。

但在海洋世界眼里，塔卡拉只是一件生育工具，在它诞下盛一年之后，我们又准备对它人工授精。这一次，精液来自阿根廷海洋公园的一头雄鲸沙门克（Kshamenk）。自塔卡拉诞下盛之后，我们便监测它的尿液，追踪它再次排卵的时间。像预期的那样，在盛出生 18 个月后，塔卡拉再次排卵。

因为每次排卵之间通常有 6 个星期的间隔，我们有足够的时间空运人员、设备和精液。一切都准备好了，但我犹豫了。塔卡拉刚经历过艰难的妊娠期，刚生产完 18 个月，他们又要它受孕吗？要是我们像失去对马（Taima，死于 2010 年，因生第四胎时胎盘出血，死时 20 岁）一样失去它怎么办？

但是，分馆内的人员依然高负荷工作，以赶上 6 星期之后的虎鲸排卵期。我是它的驯鲸师，是应在它受孕时指挥全局，控制住它、安抚它，使授精精准完成的那个人。我只想它尽量安全、舒服地走完整个过程。

2011 年 7 月底，十多年前用在它母亲身上的那个流程，又在它身上过了一遍。一如那时对卡萨特卡一样，我依然是那个握住塔卡拉的胸鳍，抚摸它、安抚它、用近乎耳语的音调同它交谈的人。一切似乎没有改变，但不同的是，这一次，我没有称赞塔卡拉，没夸奖它的乖巧及它为公司、为我们做出的贡献，我只是不住地对它说："对不起，对不起，对不起……"

似乎除了我的情绪变化外，一切如旧。罗德克博士从圣迭戈分馆飞来，亲手操作。受孕结果依然要一个月后才能出来。它怀孕了，但到了 2012 年 3 月时，它的黄体酮水平跌破低点，再无生育的可能。没人能解释这一现象。它似乎怀到一半，而后，胎儿消失，被它吸收进身体。

知道它不会生育后，我欣喜万分，奔走相告。管理层为我四处诋毁公司，尤其是向新进员工非议公司政策的事感到恼怒，但我的心情实难自抑。但是，当知道他们要对它再次授精，并要把盛从它的身边带走时，我不禁十分恼怒。

那时我最尊敬的海洋世界主管茱莉·西格曼将我拉到一边，对我说："约翰，你是虎鲸馆的领头人，我不准你四处宣扬你为它没怀孕感到高兴的事，

161

我们也不应这样对它。我们有责任使它们的基因库多样化。"长谈的主旨大致如此，它如咒语一般套在我的头上，我又成了海洋世界的一名坚定追随者。她的话打消了我的愤怒，我重回故态，对海洋世界言听计从。我甚至还为她提醒我这一重任而感恩戴德，告诉她以前从未有人对我说过这些。

但是，未及24小时，咒语即被打破。"刚才发生了什么？"我问自己。终于，我明白了自己真正的责任所在。

我浸淫于驯鲸这一行业甚久，我所持的每一个观点都来自我与鲸相处的经历，其中一些是大多数人少有体会的。因此，我不得不在此直抒胸臆：我们的道德责任不在于使这些鲸的基因库多样化。我们将它们从海中捕来，圈养在水族馆内，如今又想为了挣更多的钱，增加鲸的头数，而让它们受孕。我们的责任应是增进它们的福祉，而不是让它们以这种变态的方式一遍遍受孕！

我痛恨自己。就在我终于看清海洋世界对塔卡拉所做的一切，终于从一名海洋世界的热忱信徒转变成一名愤怒的背叛者时，茱莉·西格曼的一席话又使我收回了这些离经叛道的想法。假如我能够如此迅速地被再度洗脑，那海洋世界愚弄大众之易更是可想而知！

"我们认识到家庭关系的重要性……"动物训练部副总监查克·汤普金斯曾向媒体这样说。但我暗暗做了一道算术：在海洋世界50多年的历史里，有19头幼鲸被他们从虎鲸妈妈身边夺走，其中包括从海中捕捞的卡萨特卡和卡蒂娜，它们被海洋世界从各自的母亲身边夺走。在分离的19头内，只有2头是出于救护的需要，因为它们的母亲本身太过年幼，对幼崽非常粗暴。海洋世界酷爱提及卡萨特卡，说它与自己的3个后代一起生活，但他们从未提及塔卡拉（还有塔卡拉的女儿、卡萨特卡的外孙女荷哈娜）从它的身边被夺走、送到佛罗里达分馆的事。之后，荷哈娜又与塔卡拉分别，被送往西班牙，还未发育成熟便开始受孕。卡萨特卡的另一女儿卡莉亚，接受人工授精时只有 8 岁。而这种事，在海洋中绝无可能发生。

这种把雌鲸当作生育工具的做法令我愤怒，这也是我 2012 年 8 月离职的一大原因。当然，我离职的原因不止于此。我的身体被鲸伤过多次，已然疲惫，意识到自己对鲸的热爱也无法拯救它们，更是让我的灵魂深受打击。

在此之前，2009 年 12 月 24 日和 2010 年 2 月 24 日，我，还有海洋世界的其他人，竟然对鲸做出那样难堪的事。

CHAPTER
9

第九章　　黑　暗　面

假设你被外星人绑架，对自己原本出生的世界的记忆一团模糊。在你的身旁，是一群同样被绑架来的人，但没人知道逃脱的办法。在这里，你们都被剥夺了自身的权利，所有的权柄都握在那群奇怪的小个子生物的手里。他们冲到你的身边，向你发号施令。但是，你听不懂他们的语言，他们也理解不了你的，因此你们只得用手势沟通。他们是你唯一的食物之源，而且，除非你对他们言听计从，否则将得不到任何食物。他们用管子刺你、插你，抽走你的体液，或把一些体液注射到你的身体里。他们助你繁育后代，但你从来不能见自己的子女。即使见到，时间也不长。在这件事上，你无半点权力。

半个多世纪以来，外星人绑架事件一直是现代未解之谜之一。有不少人都相信，它确实曾发生过。我也曾和同事闲谈及此，不禁莞尔，而后感慨：

"嗯，确实发生过，只不过我们是那群外星人，而虎鲸是被绑架者。"

因此，不妨假设你是一只被圈养在海洋世界中的虎鲸。作为一种智商极高、感情丰富的动物，虽心中不悦，但你仍明白谁是你真正的饲主——驯鲸师。他们喂你长大，如果你听从指令，还能得到更多食物。但是同时，他们也控制着你的每一个行动，从睡觉到游戏再到休息，甚至是你与同池其他鲸之间的相处。也许你会偏爱他们其中的某些个，会真正地爱上某些他们命你做的动作。你还得学会读懂他们的手势，并能在很大程度上明白他们的指令。但是，你的一举一动都在他们的监控之下，原因不外乎他们惧怕你，而且他们还是唯一能让你活在这个世上的一群人。也许你想过逃跑，但四周无路，池墙之外，除漫漫的天空和林立的水泥丛林，没有可以遨游的海洋。日复一日，年复一年，你看到的只是一群尖叫的人类，有时一天得见上七次。

因此，你只能听从他们，直到有一天，你再也不想听这些声音，你忍无可忍。也许是因为其他的鲸害怕你会做出傻事，也许是因为多年的圈养下学会的生存技能突然失效，你的热血上涌，任凭你性格的黑暗面一点点控制你。就在这时，报复的机会突然降临，你会抓住它吗？

有时，即使是表现最乖巧的圈养鲸，也会让你有处于它性格黑暗面的边缘之感。有一次，在圣迭戈分馆，我刚和考基完成一场表演。考基尽管体形巨大，爱快游，但性格随和，它见识过各类驯鲸师，优秀的、平庸的，而且和每一位都能相处融洽。那天表演完后，皮蒂命令我和另一位驯鲸师艾米，在前池主舞台两边齐腰至齐胸深的水中游动。这里是"滑越区"，是表演时虎鲸游来和驯鲸师交流的地方。它们也可以经由这一区域，从前池游至后池。表演完后，我们就把考基和击水派到后池，皮蒂想将它们再唤回来。他本想让它们从我们身边目不转睛地直接游过去，弱化它们俩对我们在场的敏感度，这样它们便不会分心，直接游到舞台边他那儿。这也是加利福尼亚分馆常做的心理训练的一部分。这时，场馆内正在清场，毫不知情的观众们并不知道，训练其实仍在进行。在圣迭戈分馆，所有的行为，包括精准完成动作和专注于指令不分心，都是训练的一部分。

就在皮蒂准备对考基和击水下达命令，让它们将下颌靠在舞台上时，考基脱离了控制，朝着齐腰深的滑越区，朝着我和艾米站的地方奋力冲来。它冲得飞快，我们无法躲避。一个左转，它将我从水中兜起。在它8200磅的身体面前，我无能为力，只能任它用吻部轻轻地推着我的胸，一边推，一边长啸。原本我应当慌张的，但它的声音不快不紧，听上去并没有恼怒的迹象。它推着我沿表演池边游动，岸上皮蒂在拍手，还在向它发出紧急召回信号，但它并没在意。直到最后，它才响应了皮蒂的拍手，放下我，潜入水中，从那儿回到了舞台。皮蒂控制住它后，才命令我上岸。

直到今天，我仍不知道那一刻考基在想什么。它并不恼怒，也没有攻击的迹象，但它的行为却脱离常规，令人诧异。不论何时，鲸脱离驯鲸师的控制，将另一人拖入水中，并不顾其他人的紧急信号和拍手指令，总归为一件可怕的事。事后，因为考基的攻击意图不明显，公司并未将这一事件详记在事故报告（或攻击报告）中。但直到今天，这件事依然困扰着我。之后，考基又引发了几件明显近于攻击的事故，其中包括在虎鲸餐厅水下观赏区观众的面前，攻击池中戴着呼吸装置的我的朋友温迪。温迪被它奋力推着，无法逃脱，她担心考基会把她撞在水下的人造假山上。同样，公司也未将这一事件记入事故报告中。

海洋世界对事故的报告标准似乎定得非常高。但是，2010 年，当"多恩·布兰彻事件"爆发后，职安署至公司调查时，公司提供的 1988 ~ 2009 年间的各类事故报告足有 100 多份，其中多份涉及伤害事故。如果职安署将时间回溯一年，即 1987 年，哈考特·布雷斯·乔瓦诺维奇将公园售卖给安海斯布希公司之前，那么他们将能发现 3 件来自驯鲸师的诉讼案件。1987 年 6 月 15 日，在表演"人障"（一个鲸在人之上鞠躬的难度极高的动作）时，驯鲸师乔安妮·韦伯被一头 6000 磅重的虎鲸撞裂颈椎，强大的冲击力直把她撞到 40 英尺深的池底。但当时，公司对财产的担忧明显胜于对她的及时救护，据诉讼文件记载，韦伯不得不自己步行 50 英尺走到围场，而且为了不剪坏潜水服，她需自己脱下它。当她连这些动作都难以完成时，工作人员便强行将她的衣服扒下，然后命令她换上常服，她自己走了 200 码才上了救护车，因为救护车并未开进馆内。据她的律师对《洛杉矶时报》说，韦伯的脖子因此失去了一半的活动能力，她不仅第一节颈椎裂开，头骨与头皮严重挫伤，左臂和臂膀还有瘀伤。而就在三个月前，驯鲸师乔纳森·史密斯因为受到基努（Keanu）和堪度的双重攻击（两头鲸昵称"双胞胎姐妹"，它们轮流咬住他在池底拖行），造成内出血和器官裂伤而住院 9 天。据《洛杉矶时报》报道，史密斯肺部裂开 6 英寸，内出血。他在诉讼书中称，此前，海洋世界从未以任何适当的方式提醒过他"虎鲸的危险习性"。同年 11 月 21 日，一头成年雄鲸出水后落水时，砸到骑在另一头鲸身上的约翰·西力克，造成他内出血和骨盆裂伤。这三位驯鲸师都选择了庭外和解，因而不得不遵守"言论禁令"。但据《洛杉矶时报》，韦伯的诉讼案件引起了人们对海洋世界美化圈养鲸习性的质疑，那篇报道说，鲸"很有可能会攻击和伤害人类"。

无论如何，在职安署的交互讯问中，他们向公司动物训练部副总监查克·汤普金斯质询了1988～2009年间未能形成报告上交政府的几件事故。诚如法官在判决书中所言，"海洋世界没能记载几件著名的鲸伤害人类的行为事故"，他引用了汤普金斯的"我们漏记了几件"作为这类报告遗失的解释。

没人真正知道虎鲸在想什么，但是，通过一头海洋中刚死不久的虎鲸的大脑核磁共振图像，我们可以知道它们的思想和情感的形成模式。在研究过这些核磁共振的图像后，埃默里大学鲸类神经学教授洛丽·马里诺博士指出，虎鲸大脑的新皮质层比人类大脑的皮皱更多。"皮皱能提高颅骨在固定体积下的脑容量，这就相当于把纸裹起来塞进一个小空间中一样。"皮皱增大了大脑的实际表面积，使得大脑能容纳更多的神经元和脑细胞。新皮质层是动物解决问题与处理信息的区域，它还能通过独特的旁边缘皮质，和大脑边缘系统（即人类大脑控制长期记忆、情感、嗅觉以及制定决策的区域）发生关联。马里诺博士说："所有的哺乳动物大脑都具有旁边缘系统（paralimbic system），但是虎鲸的旁边缘区要比其他所有哺乳动物，甚至灵长类，都更为发达和精密。"同时，虎鲸大脑的岛叶皮层也"有很多皮皱"，这意味着"那部分的组织十分发达"。"所有这些区域都表明了大脑非常复杂精细。"而且因为这些大脑区域在"人类大脑甚至是所有哺乳动物的大脑中，都属于意识处理区域，所以，我们完全可以推断，虎鲸具有非常高的自我意识和社会认知意识。"

这一研究也在一定程度上解释了虎鲸群落高度的社会性，以及相互协作，制定捕猎策略，捕食鱼群、海豹、大型鲸的原因。它也为解释它们能组织起家庭和族群以及能识别同族内其他成员提供了理论基础。正是因为拥有这样高度发达的大脑，它们才能记住包括协作、交配以及协作和交配的时机等种种法则。马里诺博士说，虎鲸高度发达的新皮质层，让"它们具备在敌友之间做出有意识的选择的能力，而不仅仅只是一个简单的'开关反射'而已"。正因为如此，两个同一区域内的不同种群才能在共享资源的同时，将冲突降至最低。"因为这完全是出于自我选择，所以必须有一个巨大的新皮质层来控制自我的本能。"

新皮质层使虎鲸具有做出有意识的选择的能力，这一发现既令人同情，也让人深思。考虑到它们同时还有高度发达的旁边缘系统，新皮质层或许恰能证明，虎鲸是一种感情和意识都极为丰富的动物，感情生活占据了它们思想的很大一部分。正因如此，它们所能感受的情感伤痛（因为这种感情占据着它们社会生活的很大一部分）可能较人类更甚。当雄鲸的母亲死去之时，我们甚至可用"服丧"一词来形容它们日渐枯槁、形同死亡的样子，因为母亲是它们族群的中流砥柱。杀死多恩后，有佛罗里达分馆的驯鲸师曾对我说，提利库姆也表达出一些"痛悼"行为。

马里诺博士说，虎鲸能做出有意识的选择，这也意味着，圈养环境下的攻击事故可能并非它们捕猎本能的"突然暴走"，而是一种有意识的选择和故意的攻击行为。如果一头虎鲸尾随在一位驯鲸师身后，它并非是在游戏，"因为新皮质层和大脑边缘系统联系紧密"。因此，这样的行为也许正是虎鲸"怒至极点"的爆发。这是一种有意识行为，而不是一种反射，马里诺博士如是总结道。

但是，这些我们经常面对的攻击事件，在海洋中的成年虎鲸——即圈养鲸的祖辈身上，并不多见。根据罗丝博士及其他研究人员的观测，在海洋中，相互撕耙的行为只在西北太平洋的本地鲸群中的幼鲸身上才能见到。这是因为它们对规则和相处的方式还欠缺了解，还未能从家族及鲸群内其他成员身上学到足够的相处之道。

马里诺博士说，她非常想将圈养鲸和野外的虎鲸的大脑做对比研究。"但是，"她说，"海洋世界及其他海洋公园尽管信誓旦旦地宣称乐于支持各类研究，但从不会交出一只海豚尸体或鲸尸用于这样的科学研究。"她怀疑，两种鲸的大脑中释放长期压力的区域，如海马体，可能会有明显的差异。虎鲸和其他哺乳动物一样，有用于管理压力的下丘脑－垂体轴，长期压力的存在可能会损害这一垂体轴。因此，"当垂体轴受损害后，其大脑中的海马体便会收缩，影响记忆和情感管理，免疫能力也随之下降。"对于生活在海洋世界中的鲸来说，压力无处不在。无聊的生活会带给它们压力，接连不断的训练表演、为得到奖励而需精确地完成每个动作也会带来压力。从它们的血液循环情况可以看到，很多鲸由于长期承受巨大压力，身体多处产生了溃疡。

此外，海洋世界和其他海洋公园中的鲸也未能形成完整的家族体系，无法学会海洋中虎鲸群体、家族和家庭建立的种种规则。因此，与海洋中虎鲸家族的状况全然不同，在这里，当雌性头鲸要向其他鲸强加自己的意志时，撕耙成为它们唯一的表达方式。在这里，它们更像一群被关押在同一囚室内的囚徒，人类监狱内常见的种种功能失调状况，以及以暴力作为建立威信的主要方式，也在这儿得到显现。监禁环境和自由环境之间截然不同，尽管有着原本相同的大脑构造，被监禁的鲸此刻也不得不因为被监禁的现实而重新改造自己的种种认知，其中就包括，它们必须在大脑中将自己生活中现实而又非自然的主宰者——驯鲸师的存在合理化与社会化。我一直非常好奇，被囚禁在这座狭窄的水牢里的虎鲸，到底是怎样把我们与它们的世界相连通的呢？如果我们会"拟人化"它们，它们也会"拟鲸化"我们吗？

倘若如此，那么，在将人类驯鲸师整合进它们已然扭曲的社会体系中时，它们对人类的威胁会可能大过那些没有理由将人类视为猎物的海洋同类吗？"虎鲸协会"成员霍华德·加内特认同这一观点。他说："我认为它们的确试图将人类整合进它们的社会体系中，但由于无法从祖辈或其他雌性统治者处获得关于人类控制与主宰的有效知识，它们对此完全陌生，因此，虎鲸与人类之间的紧张局势就变得不可避免。"

有时，你甚至可以凭自己的直觉感受到它们情绪的变化。记得一个星期六的夜晚，和挚爱的塔卡拉表演完最后一场后，我把它带回前表演池，打算让它单独入睡。锁好门后，我向主管史蒂夫·艾贝尔示意，我要再回到池中抚摸它一会儿，算是对它回到前池的奖励。我轻松地跳入水中，抚摸它。尽管它的神态依然平静而惬意，但冥冥中，似有什么地方脱离了控制，我的心中不断涌出一种不祥的预感。我望了一眼史蒂夫，他脸上的表情和他朝我点头的动作都告诉我，他也有同样的预感。他向我喊道："快上来！"我们都感到，塔卡拉的情绪发生变化，已有阻止我离开池子并攻击我的先兆。

也许它知道，最后一场表演已结束，此刻馆内人少，能赶来救援的驯鲸师不多。但我并没有给它实现我脑中所想的可怕一幕的机会。

当我离开美国，前往法国训练一群从未与人水下合作过的鲸时，加利福尼亚分馆动物管理部副总监迈克·斯卡布奇提醒我说："一定要慢慢来，那些鲸是一群随时准备送人入地狱的死神。"斯卡布奇对鲸的情绪变化最为敏感，对我来说，他是一位值得敬佩的出色的行为策略家，我一向把他所说的每一句行为学语录与理论奉为圭臬。

看到我离职，他——甚至整个圣迭戈分馆都非常懊恼，但我真的需要那次机遇。海洋世界没有多少人知道，早在 2001 年 2 月，我就飞到法国南部待了 5 天，那次我实则是到昂蒂布海洋公园应聘虎鲸训练主管一职的。但我回来不久后，消息便很快流传开来。驯鲸师的圈子很小，不久，很多人都知道了我离职的事。

法国方面想让我工作签证办好后立即入职，但是我需要等到夏天过后才能过去，原因有两点：第一，我对海洋世界依然忠心耿耿，不想在人手短缺的虎鲸馆旺季时离开；第二，我想看到卡萨特卡的幼崽出生，这是它通过人工授精生出的第一个后代，而我是曾为它授精的团队一员。

我本以为管理层对我的这一做法会表示赞许，但没想到斯卡布奇十分生气，他怒气冲冲地对我说："因为你把所有这些年我们在你身上投入的心血都贡献给了另一家公司，所以我们决定在你离职前，把你调到海豚馆工作。"但我坚持自己的立场，向他勇敢地说出这一决定的不合理之处。凭什么把我调到一群我根本不了解的动物身边？而且我在虎鲸馆的地位是无可取代的。

当然现在，我明白了他这一决定背后的道理。如我一样水平的驯鲸师并不多，这导致了我的工作无人可以取代。但那时，我一气之下便通知法国方面，我将立刻入职。最后，斯卡布奇妥协了，同意我继续待在虎鲸馆。但一切为时已晚，我已经通知了法国方面，因而我只能向他们说，我将在两个星期后离职。

尽管如此，斯卡布奇依然找到我，与我进行了一场精彩的离职前谈话。他说我在加利福尼亚分馆的工作非常出色，假如我能在训练卡萨特卡上取得如此成绩，那么也一定能承担训练昂蒂布海洋公园内虎鲸的重任。也正是在这时，他提醒我万事谨慎，因为我将接触的是一群从未受到过任何水下训练师指令的鲸。

对圈养鲸来说，环境的改变会引发攻击行为，因为它们必须要以此来试探周边的一切。对法国的这群鲸来说，一直以来，它们所适应的都是站在岸上的驯鲸师。当我到法国入职时，另一位美国驯鲸师琳赛·鲁宾汉早已在那儿等待。她也曾在海洋世界的得克萨斯分馆和佛罗里达分馆工作过，是另一位我崇拜的偶像。2001年5月，在我刚到法国之时，我就已能明显感受到此次训练的难度之巨。不久前，在琳赛下水进行训练时，曾被一头名为"商科"（Shouka）的雌鲸撞至内出血，继而入院治疗。在这之前，弗蕾娅的儿子瓦伦丁还曾张着大口，摆动身体，迅速地朝她游来，摆出一副明显的攻击架势。所以，要训练它们学会遵守新的规则，是一件任重道远的事。

在行为心理学中，我们把鲸的这些表现归为"环境转换"的结果。要想应对，必须抓住它们适应新环境期间的这一有利时机。昂蒂布的这座海洋公园是新建场馆，此前驯鲸师一直都在一座小得多的老场馆工作。琳赛和我都明白，攻击是虎鲸确定疆界的表现。在海洋世界，当新鲸入驻场馆时，它们受到攻击的现象很常见，相信法国的鲸也是一样。这将是一段困难而危险的时光，可以预见，接下来的一段时间，无论在水中还是在岸边，攻击事件随时都可能会发生。

当初，当我向琳赛咨询法国的工作情况时，琳赛非常热情，在昂蒂布公园内帮我多方申请，终于让他们对我感兴趣并当即聘用了我。我们的经历十分相似，都起步于得克萨斯分馆，之后又转到佛罗里达分馆，但当我到那儿时，她已离职。此前，我只在她访问得克萨斯分馆时才与她有过几面之缘。一年来，她兢兢业业，致力于让法国的这一训练项目落地。公司给她配了一位法国籍的助理驯鲸师，但他并没有下水驯鲸的经历。法国人对驯鲸一直抱着一种略微神秘的观念，他们将驯鲸师称为"虎鲸医护师"。我们俩将在这儿一道努力，用行为科学的种种规则来训练这些鲸。

就这样，白天，我在一座坐落于蔚蓝海岸的漂亮新馆中驯鲸，晚上则回到公寓。从公寓的卧室和客厅，可以望到迷人的地中海海景。那年，我刚刚 27 岁，薪资是在海洋世界时的 2 倍；感情上，我爱上了一位法籍阿尔及利亚裔的著名歌手，并有了我人生中最刻骨铭心的一段恋爱。

尽管这里的一切都浪漫而美丽，但场馆却存在着严重的缺点——没有制冷系统。冬天水温低，虎鲸尚可忍受；但夏天一到，虎鲸在较高的水温里会变得无精打采。同时，高温促进细菌滋生，容易引发感染。而且，这里没有磅秤，要想知道虎鲸体重的增减，琳赛和我以及其他驯鲸师只能完全靠肉眼估测。在海洋世界，由于池水中含有过量的氯——池水中氯的含量比家用漂白时的浓度要高得多——眼睛常会有灼烧感。除氯外，虎鲸馆的池水中还有另外两种腐蚀性极强的化学物质：用于杀菌的臭氧和用于保持水体清澈的硫酸铝。臭氧在杀灭细菌的同时，对人体包括肺部和眼睛在内的所有器官和组织都有害；硫酸铝为强酸，一旦用错剂量，能灼伤皮肤、腐蚀金属。正因如此，在水中游动的驯鲸师偶尔会有严重的眼睛灼烧感，不得不就医处理，有时甚至严重到眼睛完全无法睁开，只能休息。短则两天，长则两个星期，待完全恢复后才能返回工作。动物训练部和水质管理部的管理人员常说，我们是被鲸推着，在一包没来得及溶解和合理稀释的氯中游动。

但是，法国场馆的水质更让人担忧。由于氯过量，一位驯鲸师的眼睛被严重灼伤，不得不戴了超过一个礼拜的眼罩，以防因光线照射失明。还有一天清晨，当我们准备工作时，发现鲸身上的皮肤大块脱落，后来才知道是机器故障，氯气流了一整晚的缘故。灼伤感太过强烈，甚至连鲸眼睛上的保护黏膜也抵挡不住，它们只能痛苦地紧闭着眼。当我们给鲸喂鱼时，只能用鱼拍拍它们的脸，这样它们才知道进餐时间到了。但是，这还远非最严重的缺陷，法国场馆最严重的缺陷是薄弱的兽医配置。在海洋世界，每个分馆都有一支专业的兽医队伍，用于保护他们价值几百万美元的鲸，而这里只有一位兽医，而且他平日里并不住在法国，而是英国。

至于法国驯鲸师呢？他们总对琳赛和我抱着一种复杂的感情，既感佩又嫉妒。能学到和虎鲸在水中工作的技巧，他们很开心，但当他们知道自己不能立刻下水，前两年只有我和琳赛能下水驯鲸时，又变得十分嫉妒。

虽然我们都在鲸身上投入很多，但比起我们，他们和这里的鲸相处的时间更长。鉴于此，我和琳赛只能小心翼翼地凭借一种高超的外交技巧来走完整个训练过程。当我们俩将鲸驯至能接受新指令，且行为稳定之后，我们又开始向他们之中经验最丰富的驯鲸师传授水中工作的技巧。但是，我能感到，他们对我们总怀着一种说不出的敌意。2001 年，"9·11"事件发生后，他们在驯鲸师办公室的墙上贴了几张人从世贸中心大楼上跳下的图画，并在下面像评论跳水比赛[1]一样做了注解。我们感到非常受冒犯，但仍无法找到恶作剧的始作俑者，没有人愿意站出来承认。尽管有着这些不愉快的经历，但我还是交到了不少漂亮又真诚的法国朋友，他们与昂蒂布海洋公园并无关联。直到今天，我依然会想念他们，也怀念法国。

能顺利应对法国给我带来的种种挑战，得益于我和琳赛之间的亲密无间。在我们之间，有时仅凭一个眼神便能相互了解。虽然我们在驯鲸上有种种分歧，但令我欣赏的是，争吵之后，不到十分钟，只要我需要，她依然会站到我身边帮助我，她从不对我记仇。

记得有一天，我拒绝任何与加利福尼亚分馆不同的驯鲸模式，而琳赛则坚持她在佛罗里达分馆时的那一套做法，最终，她表明了自己的看法："管它加利福尼亚模式还是佛罗里达模式，都可以把它们变成我们的模式。"这种同志般的情谊，让我们在法国的这份颇具危险性的事业蒸蒸日上。

本书开篇，我曾描述了自己与瓦伦丁的母亲弗蕾娅之间的一次可怕经历。我一直将弗蕾娅视为昂蒂布的"卡萨特卡"。因为它和卡萨特卡一样，尚是幼鲸时便被人类从冰岛海岸捕获，它的心里也一定还记得大西洋广阔

---

[1]　指海报画面中人从高楼跳下的一幕。

无垠的样子吧！对我和琳赛而言，训练它做种种水中表演动作是我们在法国遇到的最大挑战之一。

在训练过程中曾发生过一件可怕的事。当时，我正在训练弗蕾娅，而琳赛正在训练瓦伦丁。我们俩肩并肩游着，想训练它们并排沿池边游行。我们俩潜入水中，准备让它们游过来，把我们载在背上。就在这时，弗蕾娅挤占了瓦伦丁的位置，不许它与自己并排游动。瓦伦丁也不愿意游在自己母亲前，因而不再与它鼻对鼻，身体落后了一点点。弗蕾娅继续宣示着自己的领导地位，已经明显地挤占了瓦伦丁的位置。骑在它身上时，我明显地觉察到弗蕾娅背后的肌肉紧绷——它生气了。一场攻击事故正在酝酿。

我开始考虑安全脱身之法，但与琳赛相比，我的位置更加不利，她与瓦伦丁离岸近，而我和弗蕾娅更靠近池中央。事态在急转直下，弗蕾娅不仅游开了，而且完全游离了岸边。我无助地看着自己离琳赛和瓦伦丁越来越远，不由得朝琳赛大声呼叫，让她尽快上岸，因为我担心弗蕾娅随时都很可能去追踪瓦伦丁。过去，我曾见过头鲸在这种双人训练时追逐另一头鲸背上的驯鲸师的事件。

到达池中央后，弗蕾娅一个翻身，我从它身上跌落。它游到我对面，发出生气的叫声。我立即把双手放在它的吻部，双臂抱住它的双颌——这是鼓励它闭上双颌的一个信号。然后，我开始安抚它。与此同时，我看到琳赛已从瓦伦丁身上下来，安全登陆。弗蕾娅立刻不叫了，平静下来。我奖励了它！之后，它又开始听从指令，用胸鳍推着我安全地回到舞台。动作完美无瑕，它终于选择了不向自己邪恶的一面投降。

最后，弗蕾娅终于接受了与瓦伦丁一道工作，我亦与它建立了深厚的情谊。如同所有曾与我一道工作过的雌性头鲸一样，它在我的心中也占据着特殊的位置。

弗蕾娅是我们在法国碰到过最具挑战、最危险的一头鲸。但是，除此之外，我们也遇到过一些来自其他鲸的攻击。雌鲸商科便是其中之一，它生于圈养环境之中，母亲是被捕于冰岛附近的夏康（Sharkane）。一次表演时，我潜入水中，向商科示意游到我身下，让我骑着它绕池边游。但当我转过身时，只见它的背鳍已没入水中。它用吻部狠狠地撞击我背部中央，巨大的力量令我摔倒在观众席前的亚克力墙上。而后，它又游走了，潜入水中，浑浊的水体中我无法辨别出它的位置。

我知道，出水前，我必须要辨出它的位置，这样才能知道它会不会再次冲向我。但我看不见它，我呼叫舞台和岸边的驯鲸师帮忙，但他们也找不到它。

尽管就在岸边，但未明确它的位置前，我不敢把手伸向防护栏。我之前提到过，皮蒂一个小小的头部动作曾让卡萨特卡愤怒不已，因为这意味着他未经它允许就想要上岸。我又把脸埋入水下，望向池底。池底下，大约30英尺处，商科静静地伏着，紧紧地盯着我，张开血盆大口，似是蓄势待发。

这副神情正是所有经验丰富的驯鲸师都认识、害怕的，是一副紧盯着猎物的猎手的神情。

此时此刻，最关键的是需辨清它来的方向。看清它的位置后，我用手指向它，示意它已被发现。这时，犹如量子跃迁一般，它捕猎的神情消失了，取而代之的是一副合作的样子，有如猎物用智慧改变了猎手的意图一样。

商科合上大嘴，在我的指令发出后，平静地浮出了水面游向我。我吹响哨子，示意它合上嘴、选择合作是一件正确的事。在我的指令下，我把双脚踏在它的胸鳍上，它推着我，冲向舞台。一上岸，我便把余下的所有食物——约15磅鱼全喂给了它，余下的表演中，它异常乖巧。但是，我敢肯定，那一刻它躲在暗处盯着我，一旦我有出水打算，便会朝我冲来，不管你靠岸多近，也永远别想比它快半步。

还有一次，在水中，当它准备将我载在背上时，突然开始疾呼，背部的肌肉同时绷紧。这时，我们刚骑了一半，尚在池边，只要我从它的背上站起来，一步就能跳到岸上，安全着陆。但就在我做出决定的一刹那，它突然载着我离岸而去，完全不给我上岸的机会。这时如果跳到水中肯定不可取，因为它游动速度非常快，一旦我跳下来又不能成功游到岸，那它一定会抓住我，把我拖到水里，所以，当它游到池中央时，我只能双膝跪在它的背上，见机行事。它的声音愈发短促，背上的肌肉紧得快要抽搐，一到池中央，它一个翻身，把我丢到水里。它先是慢慢地游开，而后又飞快地返了回来，双颌大张，朝我冲来。我向前伸出一条腿，示意它用胸鳍推我到舞台。这是一场赌博，真不知它是否还会听从指令。

它听从了。我一只手放在它的上吻，一只手放在它的下颌，示意它合上嘴。它又照做了。每当它听从一次指令，我就吹一次哨子，鼓励它继续做出正确的选择。终于，它又把我推到舞台，一出水后，我立即用鱼奖励了它。

想对付商科并不容易。那年，它才8岁，体重约4000磅，相对于它的年龄而言，这个体重是轻的，这是因为它幼时没能被好好喂养，营养不良。它是在昂蒂布海洋公园扩大规模之际，也就是我和琳赛到来之前诞下的第一头鲸，法国人在管理幼鲸体重和喂食方面缺乏经验，才会如此。

　　除此之外，商科还对我做过一件非常可怕的事。那时，我与几位驯鲸师正在前池的舞台边喂这里所有的七头鲸。当我弓下身去喂商科时，为了避免鲸与同伴之间发生争斗和挤位的事，我头朝右向其他驯鲸师和鲸望去，一一查看。向右看同时也是为检查驯鲸师是否对鲸做出了正确的行为指示。

　　当时，商科和我在舞台的左边，这里是队伍的最末。就在我朝右看时，它从水中跳出，咬住了我潜水服胸前的那一小块宽松处，如此精确的技艺确实让人惊叹。因为我的潜水服从头到脚都绷得紧紧的，只在这里有一小块松弛。以它那样巨大的嘴巴，如此精确地咬住这一小块并把我拖下水，技艺确实高超。就在那一刹那，我身体本能地后移，跌坐在地，正好从它的嘴里把衣服拉了回来。如果让它拉下水，那么多鲸正在旁边，我也许真的出不来了。那时，水中训练还未开始，其中还有一头成年雄鲸金姆（Kim）在，它曾多次给我和琳赛以及其他驯鲸师造成了巨大威胁，而且考虑到虎鲸的投机性情，情形只会更加不利。

　　有时，就算是那些你爱的鲸也会给你造成威胁。例如，我喜爱瓦伦丁，但它也会违抗指令，虽则相比于商科及弗蕾娅而言，它调皮捣蛋的程度稍轻些。曾经有两个礼拜，它一直把咬住我的袜子、把我拖入水中当作一件新奇而有趣的事。但是，对人类而言，被强行拖入深水却绝非一件有趣的事。

　　当我们做"足推"或在水面上相对而视时，这样的事时常发生。它沉入水中，抓住我的脚，精准地将我的袜子从脚尖拉出一点儿，获得足够多的空隙后，再死死地咬在嘴里，向下拉动，把我拖入水下。一到水下后，它就开始准备把我的袜子整个儿扯掉。由于袜子的一大部分套在小腿上，在潜水服下，长度直到膝盖处，因此，这一扯对我如同灾祸。我被溺在水中，只能在它每次下拉前，深呼吸一口，才不致溺水。但它不会拉太久，每次拉过我的袜子后，也会给我重新指令它的空隙。这样的事，在它学会各种指定行为前，曾发生多次。每次想到它咬住的只是袜子而不是整条腿，我就不住地庆幸。两星期后，在我的训练下，它终于不再对这种行为感到新奇，放弃了对袜子的执念。

总之，在法国的这份工作是一段充满危险的经历。不仅因为这儿的鲸，也因为管理公园的公司几乎没有对我提出过的种种条件加以改善。例如，水质浑浊便是其中之一。浑浊的水质阻碍了驯鲸师对鲸攻击的判断。我的合同为一年一签，第二年，因为他们承诺改善水质，所以才续签了一年。但最后他们还是没有兑现承诺，因此，2003 年，我再也无法忍受这里的种种危险状况，再度回到了美国。

在法国时，我见到了多恩·布莱彻，当时，她已是海洋世界奥兰多分馆的明星驯鲸师之一。这时是 2001 年 9 月，她到昂蒂布来看望好友琳赛。由于琳赛要工作，而我恰好放假，所以我便领着她到我居住的那座古老村庄中游玩（我住在奥伯龙大道 25 号的一居室公寓，离海滩只有 75 级台阶的距离）。这是一座非常可爱的村庄，鹅卵石密布的街道旁，坐落着一栋栋有着几百年岁月的老房子，我的公寓就在其中。9 月 11 日那天，我们站在防波堤上，远望向地中海，这时，母亲打来电话，对我说："刚刚在美国发生的一幕简直难以置信。"美国被袭击了。多恩的丈夫斯科特本打算来法国游玩的，因航班停飞滞留美国。多恩不得不在法国待上近两个礼拜。

这样，她也有了足够的时间造访海洋公园。

虽然我和多恩并非密友，但她却与我的两位好友琳赛和温迪非常要好。通过她们，我们了解了彼此的职业经历。多恩心地和善，驯鲸技艺高超，是海洋世界的顶尖驯鲸师之一。但是，她后来的遭遇却成了海洋世界最坏一面的象征，成为鲸遁入黑暗面后拒绝遵循指令的一个事件典型。

法国的这些鲸不善于与人类在水中相处。正是从它们身上，我更加坚定了自己的信念：驯鲸师和鲸之间的情谊看上去美妙，但总体的圈养环境却使得虎鲸身体功能失调，这使它们变得十分危险。

偶尔，公众也会意识到此。虎鲸对人类的攻击事件如纸中之火，常抢得媒体头条。但是，当驯鲸师对此当众一笑而过，舆论的风向又迅速偏转。直到 2009 年年底和 2010 年年初，公司在一次双重打击之下一蹶不振，我的生活与职业生涯也在这时发生了深刻转变。

2009 年圣诞前日的清晨，我正在馆内焦急地等待：塔卡拉要生产了。所有的驯鲸师都在馆内原地待命，等着电话一响便冲到池中帮忙。突然，我的电话响了，但并不是让我前去帮忙。管理层接到消息，公司位于西班牙加纳利群岛上的合作伙伴鹦鹉公园内发生了一起攻击事件，14 岁的雄鲸凯托（Keto，我曾在加利福尼亚分馆与它短暂合作过）在训练时杀死了一名叫亚历克西斯·马丁内斯的驯鲸师。加利福尼亚分馆动物管理部副总监斯卡布奇正启程前往那儿。消息是由鹦鹉公园内一位海洋世界派去的主管带来的，他的心情慌乱，语无伦次，斯卡布奇没法从电话里得知事件的详细经过，因而不得不到西班牙亲自会见他。

为了防止同样事件再次发生，公司命令美国境内三家分馆的所有驯鲸师暂时停止所有的水中训练，重启时间待定。话虽如此，实际上事件经过还未出来，我们人就下水了。因为鹦鹉公园内的四头鲸都为海洋世界所有，来自不同分馆，由各分馆喂养长大，所以海洋世界有义务查出事故的原因所在。三个星期后，我们终于知道了事件的经过。

从西班牙回来后，斯卡布奇先到了佛罗里达分馆，接着是得克萨斯分馆，最后是加利福尼亚分馆，向三家分馆的驯鲸师展示调查结果。他向我们播放了一段事故发生时的水下和航拍视频，非常透彻而细致，同时，也让人不寒而栗。因为我们知道，那幕画面早晚会出现，那位同事会在视频的最后被鲸杀死。

训练是从上午 11 点开始的，一开始并无异常，亚历克西斯和凯托准备训练常规动作。他站在池边，示意凯托做出一个"TNT"[1]，凯托依令而行。然后，另一位驯鲸师用哨子把它唤到身边，用鱼奖励它。倒完桶里所有的鱼之后，这位驯鲸师又用桶打了一桶水，泼到凯托身上。

之后，这位驯鲸师又示意凯托沿池边回到亚历克西斯身边，此刻，亚历克西斯正在水中等待。亚历克西斯先抚摸了凯托，然后开始一起练习站式浮窥。两个月前，我在训练这一动作时，从塔卡拉身上掉了下来，摔断了几根肋骨。这一动作和"水中跳"、"火箭跃"（这两个动作都是鲸将人抛入空中）不同，在鲸整个儿垂直出水的过程中，驯鲸师须一直将脚踩在鲸的吻部，在鲸的吻尖保持微妙的平衡，直到重力将人和鲸再度拉回水中。

出水后，凯托的高度虽然刚够，但动作出现了一点儿偏差，结果就是亚历克西斯失去平衡，从凯托的吻部跌落。由于动作失败，所以他没有奖

---

[1] 一个驯鲸动作，鲸从水下静悄悄地由后池游到前池，而后突然用巨大的尾鳍突破水面，如炸药突然爆发一样。

励凯托，而是用了一个 LRS（最小强化刺激）——眼神交流与短暂的 3 秒停顿来告诉它动作失败，但如果保持冷静就仍有机会得到奖励。中性化的 LRS 诞生于 20 世纪 80 年代，那时，每当鲸得到示意却动作失败后，便会产生诸如冲撞驯鲸师的激烈反应，由此，LRS 便应运而生。

LRS 之后，如果鲸做出反应，并保持冷静，驯鲸师就须对鲸给予奖励（行为学称之为"配比"）。由于凯托保持了冷静，所以亚历克西斯回到舞台，奖给它一个冰雪球。然后，他们又继续训练。第二次，凯托的动作再次出现了偏差，亚历克西斯落水，接着又是 LRS。另一位站在滑越区的驯鲸师把凯托唤到身边，奖给鱼后，示意它再次回到亚历克西斯身边。

这一次，亚历克西斯用双手抓住它的吻部，指引着它从水下游向舞台，联系"舞台栖息"。悲剧就是在这时开始发生的，凯托带着亚历克西斯潜到了一个不正常的深度。亚历克西斯放开手，准备浮到水面，再给凯托一个 LRS，但是，凯托突然挡住了他的去路。

这时，正在岸上监督训练的海洋世界主管布莱恩·罗克奇立即意识到事态的紧急性，他放出紧急音，呼唤凯托放开亚历克西斯，回到舞台。凯托照做了。罗克奇伸出一只手，示意凯托来到身边，把吻部贴在他的手掌上。从驯鲸的规范动作来看，这是最强力的一种控制方式，因为此时人与鲸有真正的身体接触。据罗克奇之后报告，尽管这时凯托对他的手掌做出反应，但"心不在焉，双目圆睁，直盯向亚历克西斯"。通常，这种表现就意味着鲸只是敷衍地靠在这儿，但注意力全在他处。根据事故报告，当罗克奇呼叫亚历克西斯出水时，凯托并没有因听从指令而得到主要奖励——鱼。

因此，当亚历克西斯准备朝池边游去时，凯托挣开罗克奇的控制，朝他游去。它一口咬住亚历克西斯的腿，把他拉向池底。罗克奇用手拍水试图重新控制凯托，但凯托对这种最基本的控制指令并不在意；于是，他又拍响舞台上的一只桶，示意有鱼投喂，但凯托仍旧没有回应。罗克奇再度以手拍水，依然没有得到任何响应。罗克奇不得已拉响警报，几位驯鲸师迅速跑去取来一张大网，想将人与鲸分开。虎鲸和海豚对网有一种本能的恐惧，一般见网则逃，这也是控制"暴走"的虎鲸最简便的一种方式（自2004年圣安东尼奥攻击事件之后，海洋世界在三家分馆以及附属分园的虎鲸馆内，常备有一张网）。同时，一位驯鲸师跑去检视后池中的几头鲸，确保池内还有空位。后池门打开，等凯托放开亚历克西斯，就准备把它赶进去。

攻击中途，凯托浮到水面呼吸了一次，把亚历克西斯留在池底，而后又游回水下，冲向亚历克西斯，推着他沿池边游，然后把他的身体挑在吻部，浮出水面。罗克奇疯狂地拍水，想让它回到舞台，但凯托依旧没有听从。大网撒了下去，凯托被逼回后池的空位。就在驯鲸师关门之时，凯托将头卡在门中间，阻止门关上。驯鲸师们不得不再用一次大网，才将它赶回去，关上了门。

视频播完了，但那一幕幕可怖的场景依旧萦绕在我们的脑中。其中有一幕，凯托咬着亚历克西斯，游到了水下镜头的拍摄范围内。那时，他看上去似乎还活着，整个画面看上去如同一个常规的以胸鳍将人推向舞台的动作。亚历克西斯的眼睛圆睁，望向镜头。但是，当播放速度慢下来时，我们能从他松弛的四肢和脸上的神色看出，他已经死了。凯托入栏后，亚历克西斯的尸体沉入36英尺深的池底。

池门一关上，罗克奇立即同另一位驯鲸师跳入水中，救回亚历克西斯的尸体。由视频可见，他们游到池底只花了 7 秒钟，但是带回尸体却用了 30 秒以上，因为整具尸体已经充水。罗克奇疯了一般给亚历克西斯做心肺复苏和人工呼吸，甚至还用了除颤器。护理人员到达后，他们接手了整个救援工作，从现场至救护车上，一直努力救回他的心跳。但他的心脏却再无法跳动了，上午 11 点 35 分，医生宣布亚历克西斯死亡。

我还想知道更多细节。调查报告出来前，分馆内流言纷飞。因此，在圣安东尼奥分馆，趁着斯卡布奇向我们展示调查结果时，我问他，凯托拖亚历克西斯下水时，是否曾撞过他？斯卡布奇犹豫了一下后，直视着我的眼睛。斯卡布奇环视屋内，答道："我们并不知道确切地发生了什么，最大的可能是亚历克西斯惊慌失措，被凯托咬住腿拖进水中，溺水而死！"

事故发生时，其他驯鲸师也在场，他们一道儿加入了救援。从之后他们的讲述中我才知道，在接受心肺复苏时，亚历克西斯的身体内渗出了大量的血，血液流遍了整个舞台，洒在亚历克西斯的脸上和罗克奇身上，鲜红的颜色染红了一切。这些血和海洋世界精简的溺水结论不符。但无论在报告会上，还是在之后的事故报告里，都没有提到这些从亚历克西斯的耳朵、嘴以及鼻子中渗出的血，而这些正是严重内出血的一个表现。

斯卡布奇的回答，在适当的引申之后，成为管理层对鹦鹉公园攻击事件调查的标准结论：最大的可能是亚历克西斯惊慌失措，死于溺水。在纪录片《黑鲸》中，亚历克西斯的女朋友描述了她在停尸房中看到的一幕：亚历克西斯的胸膛看上去如同爆开了一般。西班牙法医对死因的结论也为溺水，但是，引发溺水的最根本原因是"由于胸腔遭受强压与撞击导致要害器官受伤，引发机械性窒息而死"。

亚历克西斯之死两个月后，又一悲剧发生。2010年2月24日上午，在圣安东尼奥分馆完成在后池的训练后，我看见分馆总经理、几位副总监以及高层正从后门进来，高层集体出动造访虎鲸馆实属罕见，我本能地意识到，一定是发生了什么严重的事。所有的驯鲸师都被召集至办公室，总经理丹·德克尔对我们说："奥兰多分馆发生事故，死了一名驯鲸师。"

人们不由得抽了一口气，有人开始掩面啜泣。一开始，我以为是因为做水中训练动作出错，也许是做"水中跳"或"火箭跃"时，驯鲸师脚下一滑，摔断了背部或颈椎而死。这些也正是我们平常害怕之事。但丹接着说道："这次是多恩和提利库姆，多恩现在还在它手上！"

一听到提利库姆，我和办公室内的大多数人都不由得打了一个寒战。被卖给海洋世界之前，它曾和另外两头虎鲸在另一家海洋公园内一起杀死过一位驯鲸师，因而被禁止再与任何驯鲸师一起做水中训练。之后，1999年7月，丹尼尔·杜克斯偷溜进馆内过夜时，第二天被人发现尸体躺在提利库姆背上，一丝不挂，已经死亡。恐怖、忧虑的空气在办公室内弥漫。"不是的，"我不由得自言自语，"不是多恩！"她可是全公司最有经验、最有才能的驯鲸师之一啊！调查细节出来之前，我就已经笃定：这一定不是事故，而是一起有意的攻击行为！

如同许多优秀的驯鲸师一样，多恩自信自己能力出众，能与鲸朝夕相处而安全无虞。我也常常对自己的能力有这样的自信，很多身经百战的同事们同样如此。这是你穿上潜水服那一刻心中坚信的信念，这不仅是对自己的知识与能力的自信，也是对自己与鲸之间情谊的信任和信赖。经验越多，和鲸之间的情谊越深刻长久，事故发生时，你能得到的保护就越多。由于和鲸相互熟识，你就有足够的时间安全脱身，哪怕只有几秒。就算无法脱身，当情况危急时，也可以凭借与鲸的关系和经验来逆转局面，使鲸自主选择平静下来，重新接受指令，不令攻击升级。到底发生了什么，才让多恩无法脱身呢？

丹的话里，最让人寒心彻骨的一句莫过于"多恩现在还在它手上"，我整颗心如同被浇上一盆凉水，我怎么也无法相信：提利库姆真的已经杀死她了！虽然作为经验丰富的驯鲸师，我知道虎鲸完全有能力做到这一步。但是，当听到提利库姆仍抓着她的尸体而海洋世界无能为力之时，我心中依旧无法相信。从事故发生后，紧急措施启动，事故报告由管理机构转到佛罗里达分馆高层，然后消息传到圣迭戈分馆和圣安东尼奥分馆的驯鲸师耳中，这么长时间过去，为何依旧会无能为力？

我走出办公室，立即向在加利福尼亚的温迪打了一个电话。她是多恩的好友，我真不知道她听到这个消息时会如何面对。在圣迭戈分馆听到这个消息时，她完全崩溃了，开始啜泣，甚至呕吐起来。我又想起在法国的琳赛，她和多恩也是好友，曾参加过彼此的婚礼。去法国前，她还在佛罗里达分馆和提利库姆共事过。听到多恩去世的消息，她又会如何呢？我知道琳赛虽和佛罗里达分馆关系密切，但此刻，那里一片混乱，也没有人会想起给她打电话吧？我不想她明天早晨起来，才从电脑的新闻里知道这件事。因此，我近乎疯狂地拨打她的电话。幸运的是，她的母亲找到了她，在我的电话打通前，已告诉了她消息。但接通电话的那一刻，她声音里透出的悲伤我至今都无法忘记。她激动万分，迫切地想要知道一切，通电话前，海洋世界已向我们报告了很多的细节。我简略地告诉她经过非常恐怖，但她依旧坚持要听。我明白，她渴望知道一切。

那天，多恩被派到虎鲸餐厅前的池中和提利库姆一同表演。所有的防范措施就位，监督员站在一旁，而且那天，她不用做水中动作。作为提利库姆团队的领队，多恩对提利库姆再熟悉不过，人人都称她和提利库姆之间"情谊深厚"，她知道怎样引导它表演好每个动作。那天，提利库姆虽然做错几个动作，但总体行为依然优秀。因此，作为对它的奖励的一部分，多恩走上前，趴在池边的池壁架上，和它游戏交流。有人分析认为多恩出事时人在水中，是违规行为，但池壁架的水只有小腿深，而"在水中"实际上是指人在深水区，身体浮在水面上。因此，多恩当时并未违规。

正当她趴下与它交流时，提利库姆咬住了她的手臂，把多恩拖进了水里。海洋世界称提利库姆当时咬住的是头发，但从目击证人的证词与视频记录来看，可以肯定，被咬住的是手臂，是当她趴在那儿与提利库姆交流时被一口咬住的。

多恩的监督员也是一位经验丰富、有资格训练提利库姆的人，事故发生时，她本应采取紧急措施的，但那时，她人在水下观景区的玻璃后，按原计划正准备在那儿接应提利库姆，把它带到池下为观众表演。表演未开始，观众看到的只是提利库姆拖多恩下水时击起的重重浪花；她见状立即跑回池上，但是路途迂回，耗时漫长。当时，唯一站在那片区域的是一位没有取得提利库姆训练资格的年轻驯鲸师，事态紧急，他只能拉响警报。其他驯鲸师——包括一名资深驯鲸师听到警报后迅速回到池边。但无论他们用何种方式呼唤提利库姆，都未见效。

提利库姆用头对着多恩重击几次，咬着她将她拖入水中，沿池底边缘游动。它先咬住她的手臂，而后是颈和肩，再是头发和大腿，持续了很长时间。

与此同时，紧急程序遇到重重故障：隔离网好不容易撒入水中，却挂在了池中娱乐用的假山上；后池有其他鲸，路被堵住。由于提利库姆的发狂行为，其他鲸情绪激动，不愿听从命令移步另一池内。因此，他们只得用隔离网来驱赶它们，腾出空地。最后，救援人员和驯鲸师们经过重重搏斗，终于将提利库姆赶到隔着三个池子远的医护池内。医护池内有升降板，只有在那里，大家才有办法把多恩从提利库姆的嘴中拉出来。整个过程里，从用隔离网驱赶再到上到升降板上，提利库姆始终死死咬住多恩；而且，它的情绪因为受到驱赶而愈发激动，咬得更紧了，不断地甩动、破坏多恩的尸体。

待升降板把提利库姆人工搁浅后，一张大网覆在它的背上，它终于不再挣扎。到这时，距离事故发生已经过去整整 45 分钟，此时驯鲸师才能撬开它的嘴，救出多恩。但那时，多恩的头皮被剥离，脊椎和肋骨被咬断，左臂也被完全扯掉。后来，大家在池中打捞到了多恩的哨子，睹物而痛：它是人鲸沟通的桥梁，如今却成了死亡临近时，套在我们脖子上的花圈，还有我们在这个世界上唯一的留存。

起初，对此事拥有治安法权的橘子郡警局宣称：多恩是失足滑落池中的。这一结论是警局发言人吉姆·所罗门与海洋世界董事长丹·布朗、公司动物训练部副总监查克·汤普金斯以及奥兰多分馆动物训练部管理人凯莉·弗莱厄蒂－克拉克闭门密会后得出的。吉姆发言时，其他三位就站在左侧，但没人站出来纠正。

等到一位当天的目击观众站出来反对这一结论时，海洋世界官方又匆匆发布了另一版本。他们称警方结论是错误的：多恩并非滑落，而是被提利库姆咬住马尾辫拉下水的，它把辫子当成了一个新奇的物件，实际上更如一种游戏式的好奇行为。它只是把辫子当成了一个刺激，不是要恶意追着攻击她的，提利库姆没有攻击多恩。

但那时海洋世界并未提到，公司的鲸经过训练，早对马尾辫不敏感。日常复杂的训练中，我们模拟过种种情境，其中就包括何种物品能引起鲸的攻击。驯鲸师很早就训练鲸不对辫子起任何反应，对之习以为常，提利库姆也不例外。这一事实，直到多恩死后，海洋世界和职安署对簿公堂时，才最终承认。

在他们的解释里，最让人愤怒的莫过于其含沙射影地指出，多恩之死只是一种游戏性的打闹，提利库姆一旦抓住某个物件，便如孩子抓住喜欢的玩具般不放手，一切都是虎鲸的习性造成的不幸结果。言外之意，错在多恩梳了错误的发型。

提利库姆对多恩的做法并无任何"游戏打闹"之处，据参加救援的驯鲸师说，它一边撕裂它的身体，一边发出愤怒的叫声，并拒绝回应驯鲸师发出的紧急呼唤指令。3 年之后，《黑鲸》上映，在海洋世界打响的公关反击战中，其辩解之一便是"提利库姆并未攻击多恩。"

海洋世界死守这一论点，直到被职安署查出真相。上诉中，海洋世界甚至提供了一名专业型证人杰夫·安德鲁斯，以反对判决。杰夫曾是我在加利福尼亚时的同事，他说，除了那段人尽皆知的黑历史外，提利库姆一向都是一只性情温和的鲸，是多恩错误地把辫子垂入水中，才引它发狂。提利库姆"并非有意杀害多恩，只是想制止她浮到水面上……是多恩女士的错误才引发了这次的攻击事件，这才是唯一起因。从她被拖入水中到溺水为止，提利库姆始终未对她獠牙相向。"

但是，主审法官并未采纳这一证词。他指出，安德鲁斯从未同提利库姆一同工作过，也未询问过当时的证人，更未曾翻阅过警局的最终调查报告及多恩的尸检报告；他没阅读过提利库姆的库存档案，仅凭未曾出现在案发现场的查克·汤普金斯的一面之词就做出了这一结论。多恩死前，安德鲁斯离开海洋世界已有9年，有9年未与任何鲸接触。自他出庭作证后，又被重聘为副董事长。

作为驯鲸师，我们并不知道提利库姆是否为有意咬住多恩，从而杀害她的。但我们可以100%肯定，这是一起攻击事件，我们之所以不厌其烦地记录它们的行为，正是为避免这类事件。虽然我未曾供职奥兰多分馆，也从未和提利库姆合作过，但我却知道虎鲸的攻击是什么样子的。

造成这起悲剧的一定还有其他原因，但海洋世界对此讳莫如深。多恩被咬住之前，馆内的其他鲸已狂躁不安，但官方记录中并未合理回应过此事。当馆内的鲸相互推挤、拒绝接受指令的现象出现时，表演必须中止。因为同一园区内的鲸情绪能相互传染，也许当天提利库姆正是受到馆内其他鲸的情绪影响。从海洋世界保存的提利库姆以及其他鲸的广泛详细的行为档案里，也许我们能够找到攻击的起因。但是，要想将这些数据公之于众，还需多年的时光和一场激烈的诉讼。

亚历克西斯和多恩之死将我从迷梦中惊醒，使我认识到海洋世界的可怕现实。掩盖提利库姆的攻击意图对任何人无益，甚至对鲸也是如此。对身处公司内部的我们来说，这更让我们认识到，海洋世界之所以为它辩护，只是因为它是公司繁殖计划中最高产的精子提供者之一。但他们的狡辩也证明了公司对驯鲸师们的无视，他们日复一日地冒着生命危险和鲸一块儿工作。亚历克西斯和多恩都热爱工作，热爱鲸，但在他们被杀之后，公司却将死因全部推诿给他们自身。

我已经看够了海洋世界这黑暗的一面。

CHAPTER
10

第十章　　当信仰成灰

亚历克西斯死后，海洋世界指派斯卡布奇到各家分馆轮流讲述事故前因后果的做法让我赞赏。他播放的视频，还有他对事故经过的点滴重现，对于驯鲸师了解工作能带来的最坏后果很有帮助。我们可以从中学到很多，包括如何在日常与鲸的相处中更好地保护自己。

　　但令人恼怒的是，多恩死后，海洋世界却并未向我们提供事故报告，我知道他们留有当时的视频，事故发生时，池内的摄像机镜头一直开着，但是，当我向他们提出申请时，他们却回答："你别管了，里面没什么可挖掘的东西！"但我依然想看，我想知道多恩是否曾奋力摆脱攻击，是否曾想办法逃出池子。她曾和提利库姆有过眼神交流吗？曾努力把它从黑暗的边缘拉回来吗？种种疑问，最后只迎来汤普金斯的一句简短的结论："约翰，里面并没有任何反常的行为。"

　　直到 2011 年 12 月，我访问佛罗里达分馆的时候，才终于有机会听到一些内部消息。这次造访是海洋世界的惯例，每年，他们都选派系统内的驯鲸师到不同分馆交流。这种交流的目的其实都谈不上是互相学习，否则我和琳赛在昂蒂布时也不会争吵。圣迭戈、圣安东尼奥和奥兰多三家分馆从来都各行其是，交流只是让我们有机会看到彼此的不同，相互建立联系。造访期间，我可以穿上潜水服站在舞台上和池子边，观看驯鲸师在训练和表演时同鲸的互动。同时，造访奥兰多分馆也让我有机会了解到在多恩死后，分馆的人是如何对待提利库姆的。

提利库姆基本上被隔离着，即使有表演，现身机会也非常有限。我看见它同塔卡拉的儿子特鲁阿一起表演，但这头年轻的虎鲸对它似乎并不待见，表演一结束就立即离开了水池。在我访问即将结束时，提利库姆病了，它的血液分析数据看上去令人担忧，园内给它喂了大量的地塞米松——一种直到走投无路时才用的类固醇。等我回到得克萨斯后，它的病情明显加重，这让大家觉得它会死去。但出人意料的是，它恢复了，只是据传因病而瘦了约1000磅。

在我访问期间，那些和它一起工作的驯鲸师对与它近距离接触似乎并不忧虑，当然，他们也不被允许和提利库姆一起进行水中工作。多恩死后，再无任何驯鲸师可与任何鲸一起在水中工作了。2010年2月的悲剧发生后，海洋世界立即主动停止了所有的水中工作。但是，到2010年8月，职安署禁止所有海洋世界的驯鲸师在水中工作，海洋世界却对这一禁令以及附加的75000美元罚款提出了上诉。

凡与提利库姆一同工作过的驯鲸师似乎都非常喜爱它。事故发生后，很多人公开责难提利库姆，有人向它扔食物，辱骂它，而非小心地喂养。

但当我造访时，他们却未曾对它有过任何不专业举动。谈及这种驯鲸师的思维时，大家都纷纷表示理解：如虎鲸这般聪明的动物，你无法将自己的思想强加在它们身上。

作为海洋世界大家庭中的一员，此前我曾遇见过很多佛罗里达分馆的驯鲸师，甚至不少还是我的多年好友。因此，在访问的一周里，我打听到了当天他们营救多恩的全过程。其中，最为打动我的是一位名为劳拉·苏诺维克的资深驯鲸师说的，因为她的话正好契合了我一直以来深信不疑的想法——人鲸关系非一场悲剧所能打破的。

劳拉可能是整个海洋世界中资历最高的驯鲸师了。她有着24年的虎鲸馆工作经历，早在1992年1月提利库姆被转卖给佛罗里达分馆时就曾与它共事，劳拉比任何人都更了解它。但因为升迁的缘故，她成了奥兰多分馆排名第二的动物馆长，于2009年年底被分配到海豚馆去了。但她和多恩是多年好友，两人甚至还戴着象征彼此友谊的戒指。2010年2月24日，她生命中两位最重要的朋友发生了一起致命冲突，就像一位要好的朋友杀害了另一位更要好的朋友。

那天，劳拉正在海豚馆工作，突然接到凯莉·克拉克（奥兰多分馆动物训练管理人）的电话，她也是刚放下丹·布朗（公司董事长）打来的电话。凯莉说，虎鲸馆的警报拉响了。劳拉望了眼身边的丈夫迈克（他是海狮馆主管），坚定地说道："我得去一趟。"她开车穿过园区，到达虎鲸馆时，那儿已然一片混乱。

"谁受伤了？"她朝着聚集的人群大声问道。

"是提利库姆和多恩。"有人回答，"它还在咬着她！"

劳拉跑到虎鲸餐厅前的池边。池内，提利库姆依然咬着多恩不放。据劳拉后来回忆，那时，多恩的头皮已被剥掉，头发不见了，驯鲸师正奋力把提利库姆赶到有升降板的医护池中。劳拉感到自己的心跳得飞快，她不知道多恩是生是死。

驯鲸师终于把提利库姆赶入医护池，但这个医护池没有升降板，因此他们只好把它再次驱赶到另一个医护池里。后来在一段公开的录音中，她对奥兰多警局的探员说道："没有升降板，当时我脑子的第一个念头是觉得自己快疯了，因为它已经杀过两个人了。"直到这时，她依然不知道多恩是生是死。提利库姆还咬住她不放。劳拉不由得在心里祈祷，赶快采取下一步行动。

离她不远，虎鲸馆的一位主管——珍妮·梅洛特站在一旁，她的丈夫正在一旁安慰她。劳拉走过去，抱住崩溃的珍妮。珍妮绝望地说道："她死了，劳拉，她已经死了！"劳拉转过头，略微思索之后，只听另一位驯鲸师说道："我们把情况越弄越糟！"劳拉再同意不过："没错。我们先冷静下来。我去找凯莉！"

她让凯莉先命令其他人退后："她已经死了。我们不能再让虎鲸继续毁坏她的尸体！"她要保住挚友最后的尊严。

人群退后，提利库姆稍稍平静。劳拉走到更衣室，脱掉常衣，换上潜水服。"我在心里决定，"录音中她说道，"我要抢回尸体，救回我的朋友。"与他人相比，她与提利库姆有多年情谊这一优势。"它认得我。"她对探员说道。

提利库姆最终被赶到一个有升降板的池中。待升降板升起，它被人工搁浅之后，劳拉走上前，与它眼神交流，然后抓住它嘴中的尸体前后晃动。然后，她又望向它的双眼，坚定地说道："没事的，宝贝，冷静下来！"她跪下，轻轻抱着多恩的身体，提利库姆不为所动。"没事了，放开她吧！"她说道，"放开她吧。"这时，提利库姆有了反应。

救援人员准备在提利库姆的身上再盖上一张网，上面已经盖了一张。"快放开了，"劳拉对着救援人员说道，"再盖一张网到它的吻部，它就会放开了！"大家依令而行。终于，她救出了好友。

现在，她可以全心全意地看顾她了。她望向多恩的脸，把她带到一个无人盯住的地方，帮她脱下潜水服，用除颤器为她复苏，但一切无济于事。多恩的左手臂被扯掉，救援人员想再把提利库姆的嘴打开，找回手臂。她左手上还有一枚和劳拉戴的一模一样的"姐妹戒"。

通知完多恩的丈夫斯科特后，劳拉又帮着凯莉把提利库姆从医护池引到后池隔离起来。升降板被降下，劳拉拎着一桶鱼，想把它引到另一个池里。看上去，它似乎听从了指令。"好孩子，准备好了吗？"她问道，手远远地拍打着水，示意它游动，提利库姆似乎准备游动，但无论如何也不愿出医护池。劳拉说，因为它看见多恩仍在附近，她的尸体被一块黑色的毡子盖住，停在几英尺外的墙边。"它知道她就在那儿。"她在录音中说道，"那是它的财产，谁也别想拿走！"

最优秀的驯鲸师都知道，人与鲸的道德程度上并不对等，正如从劳拉身上可以看到，虽然驯鲸师们无一不十分尊重鲸并给予它们足够的空间，但他们对于将鲸拟人化的危险性非常敏感：虽然他们之间的情感可能相同，但鲸与人思考问题的方式则完全不同。

此外，还需考虑到一个重要因素。20世纪60年代，当虎鲸被第一次捕获并展览于水族馆之时，全世界都被这种庞然大物在水中展现的温顺惊艳了。但是，接下来的几十年里，随着海洋公园工业化的隔离方式的出现，鲸对人的看法彻底改观，它们用一种囚徒般的痛苦眼神观望人类。曾经施与人类的温柔，它们从未施予给海洋中的猎物，如今，这种温柔成为一种囚徒与看守之间的关系较量。重复的表演，无聊的生活，伸展不开的禁锢以及受制于小小两脚动物的食物，凡此种种，它们在大自然中从未遇到过。关在这里，它们已经不是真正意义上的虎鲸，而是一群有着虎鲸身体但心理扭曲的变异物种。

通过人鲸互动的详实记录，海洋世界——在其组织内部——对这种复杂的关系认识颇深。但是，多年来他们不遗余力地着力于风险控制（不只是在多恩事件中），以维护公司的形象，这些做法蒙蔽了公众对圈养这一残忍现实的认知。他们常对公众说，鲸从不犯错。这种过分简单化的解释伤害的只有那些热爱鲸、每天冒着生命危险与鲸相处的驯鲸师们。

多恩死后，海洋世界将错归之于她，是她的马尾辫接触到水面，才无意中引发了提利库姆的注意；亚历克西斯死后，他们又将整个事件解释为他惊慌失措，溺水而亡。处于海洋世界监管之下鹦鹉公园在发布的声明中说道："此次不幸事件……经研究，和虎鲸在海洋中的掠食行为并无相似之处，两者有着本质区别。"声明针对这一点大书特书，让人读来恍如是亚历克西斯不小心被鲸撞入水里，溺水而亡。但与此相反，官方的法医报告中却将这起事件定性为"暴力死亡事件"，并在报告中一一列举了亚历克西斯身上的多处咬伤、瘀伤，双肺破碎，肋骨、胸骨断裂，肝脏破裂，重要器官的重伤以及与虎鲸牙齿相契合的齿印。

但是，海洋世界却对这些事实加以扭曲，试图使其对公司的名誉损害降至最低，以维护虎鲸的正面商业形象。因为一旦将虎鲸的危险本性公之于众，必将引起大家认知的转变，从商业角度来看，这种做法并不可取。如果承认对虎鲸行为的约束以及狭窄的圈养环境已引起它们自然本性的变化，且使得它们对驯鲸师来说更为危险，定会有损公司和虎鲸的形象。

所有的驯鲸师都本能地知道，改革海洋世界就意味着变革自己工作的本质，一个全新的海洋世界会给他们带来职业危机，一旦公司不复存在，他们也只能灰溜溜地失业。他们的这种焦虑恰好暗合了公司的利益，因此，每有攻击事件登上新闻头条，他们就能推出驯鲸师来说服公众，为公司开脱。在此，我并非责备任何公司员工。因为我自己就曾是这家公司的忠实员工，并常感到有义务保护公司与鲸免受伤害。

2004 年在圣安东尼奥分馆，驯鲸师史蒂夫·爱伯卷入一场丘科特（提利库姆的儿子，昵称"基"）攻击事件中。那年，基 12 岁。和本书前述的那些攻击事件一样，基拒绝遵守史蒂夫的命令，基从 2 岁起，就开始由史蒂夫训练。它先是拒绝做"火箭跃"，在不情愿地做完动作后，就开始在史蒂夫头顶不断游动，有几分钟，史蒂夫根本无法出水，他被基围困在水中。基一遍又一遍地朝他游去，在他的身上和身下游动。他不由得朝着岸上的驯鲸师惊慌地大喊："快救我出去！"幸运的是，他最后终于被拉上岸，毫发未伤。之后，当他在国家电视台上解释当时的情景时，轻松地说道："没什么大不了的！"他说当时这头年轻的鲸只是因为荷尔蒙爆发

205

而过于活跃。

我曾把这次事件的视频当作避免伤害的绝佳教材看过一遍又一遍。当时的场面堪称惊心动魄，基一遍又一遍地撞向史蒂夫，而他则死死地抱住它的吻部，仿佛那是他的救命稻草。遗憾的是，有些重要的信息却不能从视频里收集到。

"火箭跃"一直是基的压轴表演。表演完这个动作后，它需要回到后池，和雌性头鲸凯拉（Kayla）关在一起。凯拉曾重伤过基，基对它非常畏惧。基从过去的经验中知道，一旦做完"火箭跃"，则意味着接下来要和凯拉关在一起。因此它拒绝表演这个动作，并故意发起攻击，因为这样至少可以推迟回去的时间。这应该是诸多原因中非常重要的一个。假如真是"荷尔蒙爆发"，那么，它应该迫不及待地想回到池中去交配才对。

但是，该怎样向公众解释这一原因呢？难道要说"女士们，先生们，基是因为害怕雌鲸才攻击人的。在海洋世界，我们的养鲸池都小得让它们难以游开，以保护自己不受其他鲸攻击的可能"吗？

之后，公司内部的处理方式却暴露了以"荷尔蒙爆发"这一理由向媒体解释的轻率之处。从那次事故后，海洋世界更改了管理规定，隔离网成为每个虎鲸馆内的常备物品。此外，这次事件还彻底改变了基的命运。为与"荷尔蒙爆发"这一解释契合，它的所有水中训练和表演都被停止。而当时它正处于性成熟的巅峰，训练正能使它精神振奋。

海洋世界的做法一贯如此，每当有事故发生，鲸的错误从不会在媒体上被提及。曾有一天，在圣迭戈分馆，我的好友温迪给奥吉做超声波检查。奥吉在她的身边躺成一线，从头到尾伸得笔直，整个身体都暴露在水面上。

兽医将仪器贴在它的皮肤上，伸向它的阴部附近，为它做经腹超声检查。温迪站在池边的浅水中，手按在奥吉的头上控制着它。突然，温迪察觉奥吉的全身紧绷，似乎对检查的过程并不高兴。她迅速下令停止检查，所有人都躲到护栏后。这时，奥吉头朝上"坐"在她的面前。温迪给了它一个LRS，示意它游到池子的另一边去。但奥吉并未离开，而是紧闭嘴巴，用吻部朝她的胸膛中央狠狠撞去。重重的一击让温迪不由得后退，脚下一滑，脸朝下摔在高架池壁下的水泥板上，瞬间失去了知觉。护理人员立即拨通"911"，这引来了一大群媒体。虽然公司的内部报告将这次事件定性为"攻击"，但是在对媒体的声明中，斯卡布奇只轻描淡写地说道："驯鲸师脚下失衡，头朝下摔倒在池壁上。"自始至终，奥吉以及它的攻击行为都未被提及。

除此之外，海洋世界还曾扭曲过一件发生在我身上的事故。

那次，我与考基正一同表演，它看上去非常兴奋，考基的习性是，只要一对与自己合作的驯鲸师产生信心，就会以8200磅的身体猛烈冲刺。我们常要花费大量的心力让它慢下来，只有这样，我们才能控制住它的力量。当表演进行到一段，我要浮在水面上，把左脚踏在它的吻部，让它沿着池边推我前进，等到达舞台附近，再把脚拿开，与此同时，它用力把我送出去，穿过水面。要安全且漂亮地完成这一动作，出水时机和送出时的角度非常重要。如果我的脚放得太快，或是松得太慢，都将酿成严重后果。当时更复杂的是，穿过舞台的同时，我还要截断另一位滑过来的驯鲸师，伪装成一场失败的表演事故。这样的表演偶有为之，深受观众们的喜爱和赞赏。

但是这一次，当那名驯鲸师看到考基速度太快，意识到当考基把我推出来时，截断时的撞击力会很大，因此，他后退了一步，而我则依旧按照原来的角度从水面滑过来。就这样，我以每小时大概25～30英里的速度，重重地一头撞在浅水区入口的池壁上。当"啪"的一声传来，我知道这一撞非轻。考基似乎也很为我担心，它不断地发出声音，找寻我的位置，长长的声音在场内回荡。我伸出手，示意它来到我身边，我的监督员皮蒂依旧把这当成一场伪装的有趣"事故"，奉献给观众。直到注意到我神色不对，才惊慌地问我是否流血，他不断地劝我赶紧离开舞台。之后，海洋世界针对此发布了一篇声明，说道："今天，一位驯鲸师一头扎进浅水区，身受重伤。"声明里，我成了一个彻头彻尾的傻瓜，而且依然没有提及鲸。但我总不会傻到让自己以30英里/小时的速度撞到池壁上去吧！

驯鲸师的薪资是多少？以2001年圣迭戈分馆一名有着8年工作经验的资深驯鲸师为例，假如与公司最危险的鲸，如卡萨特卡，一起合作，那薪资为15.45美元/小时，一年下来累计约为30000美元。考虑到通货膨胀，到2014年时为40000美元左右。观众的吹捧是一回事，但这里的薪资无任何光彩之处。2008年，我从法国归来被再度聘用时，即使是那些与鲸在水中同游的驯鲸师，薪资依旧很低。

由于我在海洋世界工作多年，所以在薪资问题上能争个一二，但那些不如我这般固执的同事们，也许只能就此离职。

在海洋世界，即使偶有的慷慨也是有污点的。2006年11月，在皮蒂与卡萨特卡的遭遇事件之后，奥古斯特·布奇（海洋世界那时为布奇家族所有）会见了圣迭戈分馆的驯鲸师。据参加会见的朋友之后透露，会见中，一位年轻的驯鲸师鼓足勇气，勇敢地对奥古斯特说，她需打两份零工才能满足日常开支，来做这份喜爱的工作。奥古斯特听后非常讶异，忙问她薪资多少。得知实情后，奥古斯特说他十分震惊，从不知驯鲸师工资如此之低。他当场发誓会改革现状。会见之后，2007年初，虎鲸馆所有具备水中工作资格的驯鲸师时薪都涨了5美元，作为高危补贴。补贴不分新老员工，即使是和最不危险的鲸一起、只在训练时做着最平常的常规动作的新进员工，也能得到与最危险的鲸一起、在表演时做最危险的动作的老驯鲸师相同的补贴。

2009年和2010年，在亚历克西斯和多恩事件后，海洋世界又把5美元的上涨时薪取消了。公司解释道，由于水中动作已被职安署禁止，驯鲸师不再需下水和鲸同游，因此取消高危补贴（开始时称"高危薪资"，后来因法律原因改名为"高危补贴"）。他们似乎忽略了，多恩正是在岸上被提利库姆拖入水中，肢解而亡的。补贴虽然取消，但是，给鲸钻牙等近身工作仍由驯鲸师承担。其实，"岸上"工作的风险并不比水中低，每次当你从池边经过时，都有可能被鲸拖入水中杀死。

之后一年半，由于驯鲸师们的强烈反对，补贴再度恢复，但覆盖面仅限于2011年2月1日前取得下水工作资格的员工。他们甚至还厚颜无耻地把这称为"涨工资"。

海洋世界对工作人员的补贴方式弊病重重。也许所有这些与鲸凄惨的生活环境相比，只不过是小巫见大巫。但是，补贴反映了一家公司对其员工与资产的重视程度。如果他们对待自己的员工尚且如此，那么，压榨虎鲸时就更不会有任何道德顾虑。

工作多年，我见到不少驯兽师们失宠于公司的处境，其中最让我耿耿于怀的一件事发生在我职业生涯开始之时。那时，我在加利福尼亚分馆，最崇敬的驯鲸师之一便是莎伦·韦茨，她是驯鲸师这个男人行当里的女性先驱，她的水中技艺能与当时最优秀的男性驯鲸师相媲美。虽然这个行业在某些场馆依然残留着男子主义的遗风，但如今女性驯鲸师的比例越来越高。那时，她技能出众，有与所有鲸，甚至是最危险的鲸水中工作的资格。

　　但是，经验丰富并不意味着能免受攻击，莎伦就是受害者之一。在一次夜间表演中，卡萨特卡咬住莎伦的膝盖，朝水中拖去；而后，当莎伦好不容易回到水面，卡萨特卡又咬住她的脚把她拖进水中浸了好几秒，之后才游到后池被门关住的女儿塔卡拉处。由于伤势严重，莎伦费尽九牛二虎之力，方才游出水池。还有一次，莎伦遭受攻击，膝盖重伤开裂，几处韧带撕裂，一处骨折，需要休养几个月。为了捍卫自己的权利，她雇了一位专打工人薪酬官司的律师。虽然她最终仍回到了虎鲸馆工作，但此举却引起管理层的不满。

　　之后，莎伦还被尤利西斯攻击过一次。那次，绕池骑鲸结束后，她从尤利西斯身上翻下来，向它下达指令，让它完成这一情境下的剩余动作，从驯鲸师身边游开。但尤利西斯并未听从指令，它转过身来，和莎伦对面而视，对传来的紧急音也充耳不闻。莎伦感到逃生的机会正在渐渐消逝，因此赶在尚能逃脱前，她将右脚勾到玻璃上，左脚一个翻越，攀过6英尺高的玻璃墙，安全地落到了过道上。她刚上岸，尤利西斯马上在水中发出巨大的叫声，这恰恰证明她的判断是正确的，尤利西斯确要发动攻击了。

但是，管理层却批评莎伦的行为。在之后一份发给所有驯鲸师传阅和签名的备忘录中，斯卡布奇宣布将她调到海豚馆。"我深感莎伦已对虎鲸产生一种不良恐惧，自身行为判断亦深受此影响。"备忘录责备道："莎伦需借此重拾信心，锤炼技能，加强对训练细节的关注和对海洋哺乳动物行为的判断……水中工作需要的是对鲸怀着良性敬畏的驯鲸师，他们需能对其行为做出持续正确的判断……"

如此对待一位有着 11 年工作经验、并在事故发生前做出了精准判断的精英驯鲸师，不啻厚颜无耻之行。正因如此，1997 年，莎伦以残疾和诽谤为由，将海洋世界告上法庭。事件最终庭外和解，而且，出于禁言协议，莎伦从此不得再重提案件。

即使在海豚馆，工作也不是完全没有危险，但他们的处理方式始终如一。我有一位好友，名叫史黛西·康纳利，她本是一位有着 15 年工作经验的驯鲸师。在遭受过几次攻击之后，她彻底厌倦了虎鲸馆内的种种疲累与折磨，主动申请到小型哺乳动物馆工作。2000 年，她在救助一只深缠网内的海豚之时，海豚因为急于摆脱网的束缚，突然朝她游过来，并奋力挣扎，带着她和网在水中旋转，史黛西被网缚住，困在水下好几分钟。最后足足来了超过 8 名男性，才将史黛西、网还有海豚拉上岸。刚上岸时，她甚至没了呼吸，最后才慢慢恢复过来，但她的手臂却螺旋骨折。之后，她雇用了一位打薪酬官司的律师来争取自己的权益。此举引发公司不满，勒令我们禁止同她说话，也禁止她再到表演池和圈养动物的后池。她向法庭上诉，案件再一次庭外和解。史黛西同意禁言，公司又一次得偿所愿。自这次事件之后，史黛西在 14 年中共动了 8 次手术。

多年来，我始终为驯鲸师的工作条件和鲸的生活条件与管理层不懈争斗。直到职业生涯的最后，累积多年的愤怒终于爆发。我是从圣安东尼奥分馆辞职的，这里曾是我职业生涯开启的地方，也是我工作多年之地，但我对它谈不上喜爱，分馆对我似乎同样如此。在美国的三家分馆中，得克萨斯分馆得到的经济支持和资源最少，它也从不遵守圣迭戈总部条分缕析、兼容并包的训练方案。正因如此，由于并无创新节目和充分的训练以保持状态，这里的鲸身材严重走形。保守的思维模式也使得这里的训练每遇到问题时，总是内部协商，而不是向加利福尼亚或佛罗里达分馆的同事们求助。因此，作为一名来自圣迭戈分馆的驯鲸师，在见过那里同事们的工作能力之后，我深感圣安东尼奥分馆的种种保守行为是对资源的极大浪费。不仅如此，这里的想象力匮乏之甚更让人绝望。

有时，这种目光短浅的思维常会导致不少荒唐甚而危险的情况。亚历克西斯事件后，一位资深驯鲸师依然固执地要与克特一起在水中工作（此前与克特和塔卡拉双人浮窥时，塔卡拉曾不小心撞过我一次），全然不顾它刚被塔卡拉威吓过一次——鲸群内紧张的社会关系常会引发虎鲸对驯鲸师的攻击。这种行为无异于暴虎冯河，因此我向管理层提出异议，禁止他下水。主管照做了。

此外，得克萨斯分馆的水质浑浊，在做一些危险的表演动作时，我不止一次在水中找不到自己的精确位置。这样的事不止我一例，我不得不以罢工的方式强迫公司查明原因、解决问题。我爱鲸，但周边同事的工作态度和公司对此放之任之的方式让我日渐不满。

长年与鲸工作，我的身体早已不堪重负。

　　那天，考基把我推出去，在滑过舞台时，我的头部受了重伤。皮蒂不得不早早结束表演，把我送下舞台，之后又立即给我止血，擦净脸上和眼睛上的血后，我的视力才稍稍恢复，我强撑着行走，退出观众的视线。这一次，我的脸至额头被割出一道深深的伤痕，内外足足缝了 17 针。幸得圣迭戈分馆的医生技艺出众，缝合得很好，我一度在想，也许全美国再也找不出比他更优秀的整形医生了吧！多年前，我曾在这儿治疗过胸痛，早已全心全意地信赖他们，这一回也多次回来复诊。正因有了他们，我的驯鲸生涯才得以延长，否则，不到 30 岁，我就得灰溜溜地退役了。

　　但攻击事件一直在不断发生。此前，我曾叙述过 2009 年夏天一次夜间表演时，克特撞到我背部的事情。那次，我的背部筋骨虽未出现断裂，但检查之中，多年由于鲸的撞击而累积的伤痕，以及因工作需要经常举重和奔跑留下的旧伤，在医生的仪器中清晰可见。在被这样一头重达 7500磅的性成熟雄鲸撞过之后，在那之后几周的表演中，我的每一个动作都变得小心翼翼。

　　尽管如此，两星期后，一次跳跃返场时，我又被克特撞倒。这一次撞在太阳穴上，我几乎当场失去意识，我晕得甚至忘了浮出水面呼吸。尽管半昏迷着，我依然勉强举起一只手，示意克特来到身边。我把手放在它身上，慢慢地浮出水面。那天，担当监督员的是道格·阿克顿——我非常钦佩的一位老驯鲸师。后来，他对我说，被撞后，他看见我像一支离弦之箭般弹了出去，要是我再晚浮上来一秒，他就准备叫人拉响警报了。撞过后，我脑袋的左半边疼痛难当，近两个礼拜，连碰一下也不行。虽然后来馆长级别的所有高管都明白这是一场事故，但也并未送我就医。

34岁时，曾经的伤病开始爆发，20多岁时受过的伤，后遗症都在这时显现出来，我要不断地调整，甚至改换方式才能完成表演。幸得有多年的经验，我适应、改进，最终弥补了由伤痛带来的不足。2009年，做冲浪表演时，我从鲸身上滑落，撞到水池地面，膝盖从那时便再未恢复过。我换过多名医生，甚至还去看了全美国最好的骨科医生，但依然没有好转。与此同时，我还需忍耐剧痛，每天工作，与鲸表演。

2009年10月，表演站式浮窥时，我从塔卡拉身上失足被撞，虽然它体贴而温柔地把我送上了岸，但我依然身受重伤。

站在岸边目睹了一切的监督员见我上岸，不停地问我是否需要就医。我本想故作坚强，但身上的疼痛越来越厉害，身体开始变得僵硬。我先被送到分馆的医疗中心，接着又被送到医院的急诊室，从X光到CT，做了各种检查，看是否有内出血。接下来一个月，我全身不适，连躺着也会疼，每一个动作，走路、呼吸、弯腰……甚至连躺下来休息都成了一种巨大的折磨。我不得不服用大量的止痛药，才能稍稍半醒半睡地休息一会儿。

一个月后，肋骨伤痊愈，这也是我职业生涯中受过最重的一次伤。肋骨痊愈后，我依然不停地服用止痛药，不幸的是，我发现了止痛药能带来的放松和解脱感，于是开始对它们上瘾。那时我在得克萨斯分馆工作多年，感到很痛苦，想要辞职，但舍不得离开塔卡拉，一时间进退两难。因此，我渐渐学会了用止痛药来掩饰自己的伤痛，最后，我变得对止痛药上瘾，每时每刻都想着赶快回家服药。分馆成了我的地狱。

虽然我知道止痛药有让人成瘾的风险，出于治疗慢性膝痛的缘故，我也不得不服用止痛药。现在没有治疗的需要，我仍会不停地服用。以前，我曾以为只有可卡因、甲基苯丙胺、海洛因、大麻或是酒精之类才会使人上瘾，因为在我的身边，就有不少亲人和朋友深受这些东西之害，但我从未想过止痛药也会，而且会发生在自己身上。

药用完了。我决心不再用药，因此没再去医生那儿补充。但还没过24小时，我全身如有千万只蚂蚁在咬，接着是剧烈的疼痛，再接着，我病了。药效消退，虽然不愿意承认，但我确实对药成瘾，无法自拔了。

我试着戒掉它，并且天真地以为只要有毅力，能坚强，我一定可以完全戒除。身边的朋友也以为如此，他们总鼓励我，你比药瘾更强大，一定没问题的。但他们和我都没有料到，这种类似鸦片的制剂对身体的侵蚀到底有多强，一旦开始戒药，身体要承受的疼痛与折磨是人难以想象的。疼痛与折磨不断加剧，终于，我屈服了，很快补充了自己的药箱。我已深陷这一恶性循环中，再无力反抗。

每次戒除，每次都会疼痛噬骨。我身体的每一根神经都变得特别脆弱与敏感，连从空调和风扇中吹来的微风也难以忍受，即使外面有100℃，我也会关掉它们。最柔软昂贵的纸巾擦在身体上也宛如砂纸一般。我吃任何东西，甚至喝水，都会呕吐。

我试过不同的方法，以为凭着种种小伎俩就能战胜成瘾，但最终所有的努力都被证明是白费，我只能向专业治疗药物成瘾的医生求助。海洋世界带给我的种种伤病让我离不开止疼药，戒除之路漫漫，且随时都有故态复萌的危险。但幸得有医生的医术精湛，加之我严格自律，才能战胜伤痛，防止再次成瘾。

　　但伤痛并未就此停止。自我 20 多岁投身海洋世界，与鲸在池底表演以来，从池中爬出时，我经常会和其他驯鲸师一样流鼻血。下过水后，我们必须想办法把鼻腔内的水排干，否则会有感染的可能。不断地进水和排干，鼻腔出血、开裂，再排水时，血块从中带出。当时年轻，以为这点小伤完全不必在意，但正是这些小伤的日积月累成了更深更大的伤害。

　　长年的水中工作，出水、入水，有时甚至是站在鲸身上，用力地跳进水里，鼻腔感受到的剧烈压力变化，使四个鼻窦内瘢痕增生。长年地浸在冰冷的水中，头部被鲸撞过的那一部分的骨头也变得特别厚。2010 年春，为切掉增生的骨质和瘢痕，我在纽约做了一次大手术。术后的三个星期内，我不能坐飞机回得克萨斯；回到分馆后，还有六个多星期不能下水。术后不久，分馆举行每三个月一次的游泳测试，我担心自己能否挺过去，若再受伤，定会影响我平衡耳内压力的能力，耳膜可能会破裂。但测试和训练中，在冰冷的深水域下，我竟然平安无事，可见手术非常成功了！

　　工作对我的关节亦造成很大伤害。除了游泳和跳水外，大部分时间，我还需仅穿着袜子，不佩戴任何保护设施，双手各拎着一桶 30 磅重的鱼，在水泥地上跑，在楼梯上爬上爬下。最终在检查时，医生发现，我双膝的软骨大面积受伤，其中右膝尤为严重，两根骨头在膝盖的三个骨缝内直接摩擦。一位专为顶级运动员治疗的专家看过我双膝的核磁共振成像和关节造影后曾说，简直无法想象我怎么还能继续运动的，他建议我立即离开驯鲸行业。

　　他的建议给了我重重一击。但那年是 2009 年年初，我还未打算听从医生的建议。因此，我跑遍全国，继续寻医问药。在看过六位顶尖医生后，终有一位说他能用每半年一次向膝关节内注射透明质酸的方法，为我的膝关节延得几年寿。与此同时，我还需控制疼痛。就这样，我争来了三年多时光。

2012年5月，双膝的疼痛加剧，一切的忍耐到此结束。长年与管理层为着鲸的利益和驯鲸师的安全而争斗，也使我身心俱疲。公司的贪得无厌和对人与鲸不加区别强力压榨的做法更让我反感。所有的虔诚信仰被消磨殆尽。亚历克西斯和多恩事件后，公司欲盖弥彰的做法更让我彻底地从幻梦中醒悟：是时候离开了。于是，2012年5月，我请了一次病假，三个月后，2012年8月17日，我正式离职。

我终于彻底离开了这份曾经最梦寐以求的工作！

CHAPTER
11

第十一章　　跃　　迁

整个职业生涯中，我伤过脸，伤过手指和脚趾，肋骨曾骨折过两次，脚断过一次，双膝受损，鼻腔内瘢痕增生。我还对止痛药上过瘾，受过无数的折磨才最终戒除。多年来，身体的伤痛可谓无数。

决定离职的那一刻，我几欲崩溃，禁不住哭了。哭得撕心裂肺，难以自抑，一如2001年决定前往法国时一样。那时，我因爱卡萨特卡以及其他鲸胜过一切而哭，12年后，我因舍不得它的女儿，不忍塔卡拉成为他们手中的生育机器，眼见幼崽被一只只送往世界各地而哭。

2012年5月，当我休病假时，没人知道我要离职——虽然不少同事都曾透露过这样的担心。人力资源部禁止我休假，但是，根据《家庭和医疗休假法案》，病假受法律保护，病假期内虽无工资，但可以获得保险金。而且根据该法案，休完假后，我依然可回原职工作。如果没有这段宽限，不仅我的身体没办法恢复，也许还将失去工作。最终，我据理力争，明确地对人力资源部副总监说，公司的行为已然违背了联邦法案。他们这才妥协，放我休假。

我用了整整近三个星期来接受自己职业生涯已然结束的事实。这其中，一年前读过的那些文章给了我很大启发。有篇于 2011 年 1 月 20 日发表在"虎鲸计划"网站上的文章《凯托和提利库姆痛陈圈养重压》，对海洋世界大加挞伐。文章是由杰夫·维崔博士和约翰·杰特博士撰写的，两人曾是海洋世界的驯鲸师，后分别成为医生和海洋哺乳动物学专家。这篇文章初读时让我怒从心生，尽管自己对公司不抱幻想，并终日为鲸和驯鲸师的安全与管理层争论不休，但听闻外人批评时，还是会忍不住奋起反击。三名分馆的员工也读到了这篇文章，但他们只把它像传递反动传单一样秘密传读。忠实的员工不屑一读，我也一样，但是好友温迪·拉米雷兹劝我看看。

我本以为会读到一些饱含偏见的论点，但出乎我意料的是，文章对我熟知的关于海洋世界的一切平铺直叙，字里行间充满如我一般对鲸的关怀。同为驯鲸师，他们敢于离职，并执着地献身于对圈养鲸的研究，这种精神令我钦佩。这篇文章坚定了我离职的决心，并将我从两名批评家的敌对方转变为他们坚定的追随者。不为其他，只为他们所言的关于虎鲸的故事，都确为事实。

维崔和杰特学术水平出众，2013 年，他们还在《海洋动物与生态》期刊上发表了一篇同行评审文章，题为《圈养虎鲸及其对蚊子传播疾病的易感》，文章聚焦堪度克与塔库之死，以两头鲸的奇特死因——蚊虫叮咬的讨论为基础，详细记述了圈养环境下虎鲸面临的种种问题，从牙齿问题到园内的阳光暴晒（阳光暴晒会引起虎鲸免疫抑制），无所不有。杰特和维崔在文中常提到虎鲸被阳光晒伤的背鳍，称这或许是引起圈养雄鲸背鳍坍塌的原因之一，这正好与我的猜想不谋而合。

我埋头读书，科学的力量让我离职的决心有了理论的支撑。但若要论及我内心的感受，离职却带着某种精神宣泄的意味，变成了一场情感上的挣扎。休完病假后，我用了三个星期冷静，确定自己真的已永远地翻过这一篇。离职的过程并不平静，我甚至雇用了一位律师来捍卫自己受联邦法律保护的权利。冷静下来后，我才明白，我已经彻底失去鲸，失去塔卡拉了。

想到这里时，我正孤单单一个人躺在床上。我迅速地拿起电话，打给了我最好的朋友温迪，她也许是唯一一个能理解我的损失的人吧！电话拨通的那一刻，我泪如泉涌。"快接啊，温迪，求求你，快接啊！"电话被转到语音信箱。我能说出的只有："我现在真的需要你，我失去它了，真的要失去它了，它不会再理我了！"我挂上电话，瘫在床上，以手掩面，像 11 年前一样哭得撕心裂肺。

我试着大声说出海洋世界对虎鲸的种种做法。虎鲸协会对《户外》杂志的杰夫·维崔和蒂姆·齐默尔曼说，有位不具名的驯鲸师有话对他们说。但最终，我还是向蒂姆挑明了自己的真实身份。在他的牵线下，我又认识了加布里埃拉·考珀思韦特，她当时正在导演一部有关海洋世界虎鲸的纪录片。她和蒂姆都认为，如果我能出镜，片子一定能大获成功。作为一名驯鲸师，我能给他们提供海洋世界近 20 年来的最新消息，多恩和亚历克西斯死时，我正在那儿工作。新鲜的信息恰好能与虎鲸馆的现行条文和程序一一印证。纽约首映后，另一位在《黑鲸》中现身的前驯鲸师卡罗尔·雷对我说："我多希望听到你说海洋世界已大变样，虎鲸的生活早已大为改善，但你却向我证明，它们的境况实际更糟！"她说，她多么希望她对公司20世纪八九十年代的可怕记忆早已成过去，希望我能对她说那些已成历史。说到这些时，她的眼里满是伤悲。

要迈出这一步非常艰难。一开始，我同意出镜合作，但临近开镜的前几天，我畏惧了。我心里的准备尚未坚定，我害怕受到海洋世界的报复。离职前，他们曾不止一次地威胁过，若我敢于公开，鲸就会因我受到伤害，他们会减少我与鲸接触的次数，降低它们的生存质量。因为我相信，我这个前驯鲸师多与鲸接触能丰富它们的圈养生活。作为一种情感威胁，我不得不承认这个恶意的循环论证的确非常成功，它像一根毒刺扎在我的心里，尽管这样做毫无逻辑，但我却很难把它拔下。

最后，我终于决定不再回海洋世界，制片人同我再次接触，这一次，我决定勇往直前。从公司辞职一个礼拜后，我来到西雅图，接受《黑鲸》制作组的采访。

那天，一切很美好。采访前我整晚未眠，过往的种种如走马灯般从眼前飘过，我不想像鲸被海洋世界压榨，同样还被海洋世界的敌人压榨，因此，选择正确的媒介和公正的记者非常重要，我要自己的观点一丝不改地被公之于众。我是在冒险，我就要坐在那儿，向所有人说出心声，即使海洋世界也能听到。

加布里埃拉与摄制组、灯光组的人非常体贴，整个采访过程非常放松而舒适。我坐在那儿，回答了近4个半小时的问题。一紧张，我就喝水，到采访结束，我已喝了6~8瓶水。拍摄完成，意味着我已无退路。正如杰夫·维崔曾对我说的："准备好了吗？开弓没有回头箭。"

加布里埃拉和蒂姆决定，纪录片首映前，对我的加盟保密，因此，就连另一位出镜的驯鲸师也不知道我的存在，只知道一位新近从海洋世界辞职的资深驯鲸师会在片中接受采访。整个行业都无人知道我会现身，他们甚至连现身人的性别，来自哪家分馆都不知道。

我是纪录片送往后期制作前最后一个接受采访的。他们需赶工期，最重要的是，需赶在圣丹斯电影节（由演员罗伯特·雷福德 1978 年首创，是独立电影人推广自我电影的年度盛典）前制作完成。电影要参加的圣丹斯电影节，在我的观念里无疑如同圣杯，但我还是决定把它抛诸脑后。《黑鲸》最后是大成本还是小制作，我不得而知，是否会直接制成 DVD，甚至是否会有这项制作计划，我都不知道。我只希望它最后能在动物星球或国家地理频道播出就行。如果运气够好，或许还能上 HBO。期望不大是因为心里害怕，我害怕海洋世界会带着它庞大的律师团突然半路杀出，让影片还未上映便"胎死腹中"。

11 月底，《黑鲸》发行的过程给我上了一堂电影速成课。蒂姆打来电话，《黑鲸》已进入圣丹斯电影节的官方选映名单，通讯稿随后就会报道。消息振奋人心，但我仍强抑住心中的激动，因为，我们仍不知最终的放映效果怎样，是轰动全城，还是石沉大海？既已选映，那么接下来的目标是选对合适的观众群体，完成售卖和发行。我们不禁双手合十，默默祈祷万事顺利。

电影节上，《黑鲸》本只计划放映两场，但当纪录片的主题流传开来之后，又增加了第三场，然后是第四场，第五场，第六场。增加的场次不在主办方的放映计划之内，全应观众的要求而开。这一次，我们变成了关注的焦点！

2013 年 1 月 19 日的首映式门票已经售罄，人们在 10℃的寒冷天气中，排了近 3 小时的队，只为能买到一张门票。纪录片讲述的多恩之死，以及此前提利库姆被圈养的悲惨生活让观众动容，选播的幼鲸从母亲身边被强行带走以填充海洋世界空白的故事让他们观后心如刀割。很快，围绕纪录片的发行权，各家公司打响了争夺战，HBO、狮门公司及各电影公司都参与了竞争，热闹的场面完全出乎我们的预料。

不久后的一天清晨，当我醒来，我在娱乐新闻公司工作的好友约瑟夫·卡普施发来短信，告诉我《黑鲸》已被两家电影公司——木兰影业和 CNN 电影同时选中。纪录片将于夏季在木兰影业下属的各影院中放映，而后在秋季登陆 CNN 有线电视的黄金档。

当然，海洋世界也会收到消息。拍摄时，加布里埃拉就向他们发出邀请，允许他们派出代表在电影中讲出自己的观点，但他们拒绝了。直到首映式临近，他们才听到流言说我将出现在电影里。当时，仍在公司内任职驯鲸师的一位好友告诉我，电影节开幕的前一天，高层们四处打电话向员工询问，是否知道我会出现在电影里。当然没人知道。幸得我有先见之明，没有将这件事告诉任何人。因此，他们直到首映式的那天上午才真正确定我会出现，并想方设法地查清我将讲的内容。查明之后，他们愤怒了。

他们先是诋毁整部电影以及每一位在片中出镜公然抗议海洋世界的前

驯鲸师，伎俩之一就是在我多年的工作履历中挑错。他们收起愤怒的嘴脸，含沙射影地指出自法国归来后，我之所以不被圣迭戈分馆雇用，是因为我有所谓的"性格缺陷"——对雇主不忠。倘真如此，那他们对重新雇用我的圣安东尼奥分馆的公司体制又当作何评论？对分馆一次又一次提拔我又要作何解释？他们还诋毁称我哗众取宠，说我很享受万众瞩目和走红毯的感觉。

他们虽然言辞卑劣，但永远无法诋毁我的成就。因为我所说的一切全凭他们所赐。我曾在它旗下的两家分馆工作过 14 年，他们唯一能对我提出真凭实据的指摘也不过是我上班常迟到 2 ~ 5 分钟。对此，我无可辩驳。他们的最后一点也是正确的，我确实常与他们起争执，争执的原因是他们出于娱乐目的把鲸关在 8 英尺深的水里，是他们对雌性头鲸的强迫授精，是他们从鲸妈妈身边强行带走孩子。不错，我为人是难相处，因为这些年来出于对鲸的忠诚和爱，我不得不对他们喊出自己的看法。假如他们称这也是一种性格缺陷的话，我欣然接受。

但是，他们为难的不只是我，还有每一个我爱的人。当我第一次决定在电影中发声之时，我已知道，我会失去很多好友，或者说一些我以为是好友的人。我原谅亦理解前同事们对海洋世界的热爱，以及同行们对我的疏离。但也明白，只有真正的密友和关心爱护我的人，才会继续站在我的一边。这不是说我们的关系并没有因此受到牵累，但只有真正爱我的人才会努力待在我的身边，而我也同样会一直出现在他们的生活里。

仍在公司任职的好友对我说，那段时间，他们被公司严密监视，有的甚至还收到高层的警告——"小心"。出于谨慎，他们有的不得不在

Facebook 上对我"取关"，因为高层们会一遍一遍地检查他们的好友列表，看是否剔除我的名字。我仍记得温迪打来电话，流着泪对我道歉，告诉我已将我剔除好友列表，但我竟没有生气，只是说："我理解你要保护自己。我希望你能好好地保护自己。"

我俩的关系就此改变。相交 20 年，温迪和我几乎无话不谈，从鲸、海洋世界、八卦再到彼此的生活，天南海北。但现在再也不能，留给我们的只剩沉默。我们的友谊也许真的就要这样结束了。电话最后，她说："别忘了我们一起走过的美好时光，别忘了我们和塔卡拉、奥吉还有卡萨特卡一起做过的双人表演，别忘了这些年一起度过的日子。"

我并不指望那些仍在海洋世界担任驯鲸师的朋友们也能如我一样，毕竟他们都有自己的家庭需要供养。我能说的是，我爱他们，我希望他们能在公司内部为鲸奋斗，并照顾好自己。

海洋世界咬住我的事件之二就是对我在表演中被考基伤到脸的争议。自从在《黑鲸》中展出那道伤口之后，海洋世界便开始疯狂地诋毁我的叙述。我的版本一直未变，他们却前前后后变换了四个完全不同的故事。第一个，他们声称我是自己跳入浅水区伤到脸的，而不是被鲸，整个过程中，鲸根本未出现过。一位不认识我，也从未同我一起工作过的前佛罗里达分馆的驯鲸师跳出来证明说："根本没有鲸，他是自己撞到屏幕的！"我从来没有撞到过任何屏幕，后来就连海洋世界也否定了这一说法。第二个版本，他们先退了一步，称我当时确是与鲸在一起表演，但之后又自我否定，说没有鲸，我是自己滑过舞台时受的伤。之后，他们又强迫温迪录了一段视频，发在"《黑鲸》真相"主页上，视频里，温迪说当时并没有鲸出现，"他不过是起跑，跳水时撞到水泥地面的。"这段视频，在我参加加利福尼亚州议会上作证的后一天发在网上。现在，第四个版本称我当时确实与鲸在表演，但动作出错，导致受伤。这一版本也与他们事故后习惯归罪于驯鲸师的传统一脉相承。

但是，我有病历，也有前任虎鲸馆主管、资深驯鲸师等人的证词，还有视频监控记录，更不用说当天在场观看表演的 6000 名观众。

自此，我与温迪的友谊走到尽头。电话联系几乎中断，就算有，也只是尴尬的沉默。她已升任高级经理，使命是要保护公司。我们的友谊变质了。

在我最爱的和最崇敬的人中，有一位是我在圣安东尼奥分馆任实习生时遇到的驯鲸师。她很早以前便已离职，应她要求，本书不对她具名。从她的身上，我学到很多。她们一家人都是虔诚的基督教徒，排斥同性恋，但是这并没有妨碍我们成为好友，她甚至是我在圣安东尼奥分馆工作时少数几个知道我是同性恋的人之一。她并没有因此而对我区别对待，这种真诚的态度，她和她的丈夫始终都未曾改变，这令我十分感动。那时还是 20 世纪 90 年代，我在南方，正为马克·麦克休的那句"差点儿没雇用你"而耿耿于怀。

后来，我去了加利福亚分馆，她则辞职潜心照顾家人。但是，她仍一直是海洋世界坚定的支持者，始终相信公司确实把动物利益放在首位，至少，她觉得这里的每一位驯鲸师都是爱鲸的。她常常为海洋世界内虎鲸和其他动物的利益四处奔走，并为园内从池水中氯和臭氧含量过高使海狮失明到虎鲸幼崽的正确抚养等各类问题，与公司管理层据理力争。

《黑鲸》发布后不久，一天晚上，我们俩有了一次漫长的争吵。争吵的原因在于她觉得海洋世界为动物做了不少善事，对此我却未有公正的评价；而且，她说我受一些"极端动物权利保护者"的蛊惑太深。她不断地提到这些年来驯鲸师为虎鲸所做的种种良善之事，而我则努力向她说明，争端的焦点从来就不在驯鲸师身上，《黑鲸》从来没有说过驯鲸师是一群恶棍。

我问她是否觉得海洋世界以虎鲸表演牟利是一种道德的行为。她说："是的，因为上帝赋予了人类统治其他动物的权力。"

我不是神学家，因此只能竭尽全力使问题回到原本的争论上。我问她："当你有一天带着孩子来到海洋世界，在表演完后来到虎鲸馆的最顶层，望着底下大大小小的水池以及为虎鲸所建造的各类设施，却发现它们大多数围于狭窄的空间，只能一动不动地浮在水面上。以我们对它们以及对它们需求的了解，你真的会觉得这一切都是为了它们好吗？"

她回答说："不是。"

2012年5月底，在我休病假的时候，海洋世界就不满职安署在多恩事件后对公司的处罚而上诉一案收到了判决书。此前，职安署在处罚书中曾指责海洋世界有视经济利益高于员工安全之嫌，而判决书中，行政法法官肯·韦尔奇支持了职安署这一处罚理由和罚金。75000美元罚款，虽较之于海洋世界25亿美元的总资产九牛一毛，但意义重大，它说明法庭支持了职安署的观点：海洋世界须为置多恩于危险的境况负责。海洋世界又继续将这一判决书上诉到美国联邦法庭，但是，2014年4月14日，上诉法庭在听询了美国劳工部独立职业安全与健康委员会的意见之后，支持了职安署的处罚措施，驳回了海洋世界的上诉。

两次判决，两位法官对海洋世界的态度都极尽严苛。在行政法判决书中，韦尔奇认为，海洋世界极尽能事地想要掩盖提利库姆对多恩的"攻击行为"，但"如果提利库姆这种对多恩·布兰彻的行为都无法称得攻击行为，那对虎鲸行为的分类又有何意义？不论动机为何，虎鲸的任一不可预测行为都能对与其近距离接触的驯鲸师造成重伤或致其死亡。"至此，海洋世界想从法律层面歪曲事故的努力付之东流。

判决书中，韦尔奇接着援引了几个海洋世界对员工保护不周的做法，并予以嘲讽。"（海洋世界）期望驯鲸师在专注表演的同时，还需在瞬间识别虎鲸攻击的先兆并采取措施"，这样的规定明显让驯鲸师在公司推诿罪行时处于不利地位。"因为一旦虎鲸做出意外举动，错误便在于驯鲸师。"韦尔奇强调，一旦事故发生，海洋世界的首要任务是继续表演，以期把观众对表演出事的印象降至最低，他以1999年皮蒂被卡萨特卡攻击后，斯卡布奇写下的备忘录为证。斯卡布奇对表演取消感到很生气，"表演不需要被中断，"他写道，"因为这会把观众不必要的目光引至错误行为上，使表演的节奏把控全然归之于鲸。公司在规定中反复强调过，要利用任何可用之资源，非不得已不得中断表演。"

法官嘲讽道："海洋世界坚称这条记录并不能表明与鲸近距离接触能危害到驯鲸师，但法庭认为这一观点是不合理的，毕竟，任何有脑子的人都知道……做水中动作表演时，不论驯鲸师完全没入水中与鲸同游还是站在岸边或滑越区，海洋世界不可能不知道他们有被鲸撞击甚至溺死的危险。"

相比韦尔奇，上诉法庭的判决意见虽然简短，但观点十分鲜明。法官朱迪丝·罗杰斯认为，职安署的处罚决议并不存在任何越权控制之嫌，"从海洋世界经理人员的陈述中，并不能看出公司的安全规程与训练已使鲸变得与人无害；相反，它们正好能反映出，海洋世界已认识到与鲸互动乃是危险行为"，因此，公司行为"未尽责任，违背了作为雇主的义务"。

这之后，公司又忙于应对《黑鲸》上映带来的不利影响。《黑鲸》广受关注，《纽约时报》称片中提利库姆及其圈养下的困境让人"有微妙的心碎感"；烂番茄网给了这部片子惊人的98%的正面评价；《华盛顿邮报》甚至称影片中对鲸在海洋公园中遭遇的描述"震撼人心"。登陆有线电视后，该片又很快成为CNN2013年度最受欢迎的节目——其中18～23岁的群众基数甚至创下历史份额新高。影片被提名BAFTA最佳纪录片（电影和电视艺术学院奖其中的电影类奖项，英国版的"奥斯卡奖"），与其他影片同列在奥斯卡金像奖候选名单之上。

《黑鲸》还带来了巨大的经济和社会效应，普通的民众开始行动。有人在Change.org（公益请愿网站）发起一项请愿，终结了塔可钟餐饮公司向顾客提供海洋世界打折票的营销计划，这家快餐连锁公司最终终结了与海洋世界的合作；另一项在Change.org发起的请愿则最终导致西南航空公司取消了一项与海洋世界的26年合作营销方案。不少音乐人在看过《黑鲸》后，纷纷取消到海洋世界的表演计划，其中包括玛蒂娜·迈克布莱德、裸体淑女乐队、38 Special、快速马车合唱团、廉价把戏乐队、特丽莎·耶尔伍德、Heart乐队、威利·尼尔森、特雷斯·阿德金斯以及海滩男孩。

公众舆论和推特上的名人发声不仅让我们这些曾为《黑鲸》奉献过心力的所有人员深受鼓舞，并真正推动了整个改革进程。Heart 乐队主唱安·威尔逊说道："我曾见过人类被鲸喷水的照片，看上去非常有趣，但它背后是黑暗的。他们的所作所为是一种赤裸裸的奴役。"雪儿说，海洋世界"面目可憎"，高官们只知盯住最低底线，而全然不顾动物的福利。威利·尼尔森取消了海洋世界的演出计划，接受CNN采访时他曾说道："对我而言，这并不是什么艰难决定，因为我不认同他们对待动物的方式。"喜剧演员罗素·布兰德称海洋世界"是伪装成娱乐公司模样的人类污点"。音乐剧团经理罗素·西蒙斯则说："我们必须认识到当我们受苦时，其他生灵也在受苦；当我们向往自由时，其他生灵也在渴望自由。"

政治家们也意识到这是一个流行议题，从州政府到首都华盛顿，不同层次的政治家们也纷纷加入了这一呼吁改革的草根队伍之中。2014 年 4 月，加利福尼亚（海洋世界帝国王冠上的明珠）的民主党派众议员理查德·布鲁姆向众议院提出 AB2140 议案，即"虎鲸福利安全法案"，试图从法律上根除公司的运作模式。议案若得通过，那么"所有出于表演及娱乐目的而圈禁、使用、捕捉以及圈养繁殖虎鲸的行为都应被视为非法。不论是从州所辖水域内捕捉或从州外进口，只要以表演及娱乐、繁殖或孕育为目的，都是非法行为。任何出口、收藏及进口虎鲸精液、其他配子或为人工授精目的持有的圈养虎鲸胚胎，也将是违法的。"

2014 年 2 月，纽约州（这里没有虎鲸公园）的参议员格雷格·鲍尔（共和党人）向议会提出，应在"帝国州"[1]内全面禁止虎鲸圈养。这项议案

---

[1]　纽约州的别称。

获得议会一致赞同，是推动虎鲸圈养革新的一项标志性成就。鲍尔的立法努力也恰好证明，《黑鲸》赢得了美国人民的同情，就连从未踏足过海洋公园的人也为它动容。我很荣幸，能获得鲍尔议员的邀请，在奥尔巴尼为他向其他纽约州议员作证，讲述自己的经历。

我还同罗丝博士和贾尔斯博士等专家在加利福尼亚为众议员布鲁姆的议案举证。听闻海洋世界仍旧否认强迫虎鲸母子分离时，大家义愤填膺。正如我在本书前半部分所言，这一点从无异议，不仅这一点无异议，雌鲸被当成生育机器般受孕，还有尚未性成熟的雌鲸被强制受孕的事实也无异议。

2014年6月，当听说两位加利福尼亚州的议员代表向国会提出革新虎鲸圈养福利的联邦条例，特别是有关鲸池规模及生活条件的条例时，所有曾为《黑鲸》努力过的人都沉浸在一片惊喜之中。此外，40位国会议员都在两位代表发出的信上署名，批评农业部20年来未革新圈养海洋哺乳动物的管理条例。此前，我们对此都一无所知，消息传来时，每个人都禁不住欣喜若狂。议案最终全票通过。

但是，与此同时，海洋世界却对国会提出的设立100万美元圈养虎鲸研究基金的提议提出质疑。他们声称，在这一议题之上同行评审的论文已有不少。海洋世界爱将自己伪装成一家致力于公众利益的科技组织，却从未得到过任何科学家的支持。例如，著名的新西兰虎鲸研究专家英格丽德·菲瑟博士曾不止一次要求海洋世界停止误引她的研究成果，来证明自然界中虎鲸背鳍的萎塌现象。公司称菲瑟博士观察到自然界中23%的虎鲸都有背鳍萎塌情况，但博士澄清道，数据中虽然包括萎塌的背鳍，但其中大多数为畸形或末端弯曲，关于如圈养中那样萎塌的，她在自然界中只见到过一次，因此，正确的数据应该为 0.1%。

虽然《黑鲸》在 2013 年 1 月圣丹斯电影节首映式上大获成功，海洋世界却否认电影对公司有任何影响。这大概是因为当时公司正准备一项小小的金融工程，计划于 3 个月后进行 IPO[1]，然后成功转型为"海洋世界娱乐股份有限公司"。因此，拥有一份健康的财报，抵住各方批评至关重要。

历史上，海洋世界曾被多次转卖。1976 年，圣选戈分馆的创始人将公司转卖给出版商哈考特·布雷斯·乔瓦诺维奇（HBJ）公司；1988 年，HBJ 又将公司——包括奥兰多和圣安东尼奥等 3 家分馆在内，一起打包卖给了安海斯布希旗下的一家公司，布希娱乐；2009 年，布希娱乐又将海洋世界连同布希公园作价 23 亿美元卖给了著名投资银行黑石集团。黑石集团接手后立即着手将公司上市，谋取利润。一开始，IPO 发行非常成功，股价在一个月内从 27 美元 / 股升至接近 40 美元 / 股。据《华尔街日报》记者赖安·迪伯赞和米歇尔·沃桑报道，IPO 后，仅股价一项，黑石就获利约 5 亿美元。报道称，受益者除黑石外，还包括佛罗里达州管理委员会、得克萨斯州教师退休基金、加利福尼亚州教师退休基金等购买了原始股的几家机构。这种以海洋世界及虎鲸牟利的金融生态不禁令人好奇。

尽管财报漂亮，但由《黑鲸》引发的舆论压力最终仍然影响到公司上市的财务稳定。2014 年 8 月 13 日，虽然海洋世界依然否认电影对其运营产生了破坏性影响，但还是退却了一步，承认布鲁姆提出的议案确实降低了入园游客量，而这一议案恰是由电影引发的！在向证券交易委员会递交

---

[1]　首次公开募股。

235

的季度报表中，公司将 2014 年的预期盈利下调了 6 ~ 7 个百分点，此前，它的预期是有增长。报表一经公布后，海洋世界股价一天之内猛跌超过 33 个百分点，每股不足 19 美元。

两天后，海洋世界发布声明，称将扩建鲸池，加大投入以改善虎鲸生存环境。评论很快指出，海洋世界这种用投钱来后知后觉地改善公众形象的做法，必将会引发一轮严重的市场危机。2014 年 8 月 19 日，有媒体报道，海洋世界不会就职安署的处罚上诉美国最高法院，公司将遵守联邦条例，为驯鲸师营造更安全的工作环境。与此同时，公司的市值依然在不断下跌，至 2014 年 12 月初，海洋世界每股股价已创下 15.32 美元的新低。

一瞬间，似乎全世界都与海洋世界为敌，我们的胜利真的在望了吗？

CHAPTER
12

第十二章　　前　　景

想到海洋世界未来市值会继续下降，这并没让我多半点开心。它虽然受贪欲的驱使，无尽地盘剥虎鲸和驯鲸师，但令人矛盾的是，它也可能是公司名下三十头虎鲸最好的希望。

在与虎鲸保护主义者就立法保证虎鲸福利的斗争过程中，海洋世界始终都毫不遮掩地表示，它首先是一家商业公司，资产和利润保值比动物保护更为重要。在加利福尼亚州议会就虎鲸立法进行听询时，一位代表海洋世界的说客说道，如果众议员布鲁姆的法案得以通过，海洋世界将会把虎鲸移出加州，因为在这儿无法从虎鲸身上牟利。而且，这位说客威胁道，倘若议会果真强制海洋世界改变其虎鲸管理规定，那么州议会本身就应当为此埋单，"你们禁的，你们承担吧！"

公司还邀请了多位证人作证，如果海洋世界闭馆，圣迭戈地区将遭受严重的经济损失。他们对维持现状的所有核心论据都是从财务与经济的角度出发。

其实，正是在这里，海洋世界错失了一个为自己辩驳的机会。如果它真的高瞻远瞩，此刻他们就应该向议会证明，他们是美国唯一有能力照顾其名下三十头鲸中的大部分的机构，因为这些鲸已经无法放生回大自然。多年的圈养生活，早已让它们产生行为障碍，无法在自然界中生存；畸形的社会关系，生出了自然界中无法找出的配种，近亲繁殖的现象甚至日趋严重。放生这些鲸，负责任的做法是要把它们重新嵌入至原生家族团体中去，但是像这种从原生家族中捕获的鲸数量极少，仅有卡萨特卡、卡蒂娜、尤利西斯、考基以及提利库姆几头而已。而且，我们不知道原生家族的后代们是否能从它们身上捕捉到足够信息，再度认出它们，就算认出，它们能否被再度接纳？我们甚至无法确定，卡萨特卡被捕获之时，它的母亲是否活了下来。

除这些鲸外，其他鲸都诞生在圈养环境之下。海洋世界胡乱操纵雌鲸的生育周期，名下的很多雌鲸未及性成熟时便已开始生育，它们可能再也回不到虎鲸自由繁殖的母系社会中了。除此之外，即使它们能获得完全的自由，由于不会捕猎，也无法适应环境。它们在心理上早已适应了驯鲸师复杂的"行为－奖励"模式，融不进海洋可怕的环境中；它们的健康，尤其是牙齿健康，已被圈养环境严重破坏，假如没有我们不断给它们做牙髓切除，缓解脓肿，它们很可能会在海洋中因感染、饥饿和营养不良而死。在美国，只有海洋世界的员工知道应对这类疾患的技巧和知识。

但问题的关键在于，海洋世界无法以这些理由为自己辩解，因为这与它一直倾力打造的慈爱虎鲸形象相矛盾。不能将虎鲸放归大自然的一个根本原因是，这些鲸已经从身体和心灵上被圈养环境损害了。

不能放归，那么海洋世界应当如何做呢？我想，它可以担负责任，改革现有商业模式，以此迎合美国新兴一代，以及全世界认同动物表演的道德和伦理错误的人。它可以同意加利福尼亚州的虎鲸法案，建造海洋围栏，公众凭票参观，以这种方式教育人们圈养对海洋动物的危害。海洋围栏应建在大海中，立于海床上，以便为虎鲸提供一个大致接近自然的环境。同时，这也是能为这些饱受圈养之苦的虎鲸所能建造的最好避难所。海洋世界罪愆难赎，以这种方式，至少能稍稍弥补，并用其所犯下的错误教育大众。

此外，它还需想方设法收集世界各地被圈养的独鲸，即从那些只有一头鲸的海洋公园手中把鲸买过来，将之重新放养在一起，让它们拥有一个社会化的环境。例如，曾为卡萨特卡和塔卡拉奉献精液的沙门克（为阿根廷布宜诺斯艾利斯市郊一家海洋公园所有）即为独鲸，还有洛丽塔（为迈阿密水族馆所有）和基斯卡（Kiska，安大略省海洋公园所有）也都是独自居住。出于牟利需要，这些鲸居住的空间狭窄，很容易生病。

曾经，我一度以为海洋围栏不是出路，但自听过各种讨论之后，越来越认为它确实是一个可行办法。围栏建成后，照顾虎鲸的种种专业知识仍可保留，以前管理它们的员工依旧可以在围栏中继续工作。

这里的虎鲸不会再进行任何表演。现行的虎鲸馆表演根本没有任何教育意义，所有的教育内容都被淹没在闪闪的聚光灯里，没引到观众的任何注意。这样的表演没有丝毫价值。

所有的人工授精项目必须停止，必须让全世界的人都知道，这些鲸必须是最后一代圈养鲸。对此，海洋世界和其他海洋公园都可贡献心力，并从改善圈养鲸的生活环境中牟取一些利润。最后，随着时间流逝，他们可形成新的商业模式：对公众普及虎鲸在海洋世界及其自由生育、自由成长的真实生活。

但海洋世界真的会如我所说的那样行动吗？即使是在公司宣布扩充鲸池，看上去像是在回应多年的批评，做了重大让步之后，首席执行官吉姆·艾奇逊仍旧矢口否认："我们并没有在为自己的所作所为道歉。"

艾奇逊称，公司的扩充计划早在《黑鲸》上映前便已做出，但我认为这不太可能。在得克萨斯分馆工作的五年里，我们不断地向公司建议扩建一个小型的后池，这样不仅鲸不需局促在 8 英尺深的医疗池里，而且分馆也能在水量上赶上加利福尼亚和佛罗里达分馆。但是这个建议始终未被采纳。

很明显，他们只是出于对差评（舆论对圈养鲸方式的声讨）的应对，才拿出一副华尔街式的伪善嘴脸，他们现在已是一家上市公司，这就意味着他们要面对多方压力，要能每季度都拿出一份漂亮的利润报告，否则他们最重要的观众——股东们就会撤资，以寻找更能牟利的方式。从这一角度来看，扩充鲸池不仅可以达到良好的公关效果，平和股东关系，而且也可以防止公园人流量进一步下降。这一策略与艾奇逊声称公司政策从未有错一样重要。不过随着股价持续下跌，这一策略也中途夭折。2014 年 12 月 11 日，艾奇逊宣布退休。

顶层的人事变动并未让我更加乐观。我想，公司高层一定是打算进军海外，也许还会将幼鲸卖给俄罗斯、中国或是中东等新的海洋公园。实际上，IPO 前，公司在呈递证券交易委员会的一份文件中曾说道，他们正在寻找"可能的合资伙伴，谋求国际化发展，把公司的品牌、动物管理与公园运营理念和第三方资本结合起来"。同时，我听闻俄罗斯捕获了一头虎鲸，这意味着一个新的市场与基因库正在酝酿，这也是我的另一个担忧。

此前，因为鹦鹉公园的年轻雌鲸摩根（Morgan）的所有权问题，海洋世界饱受诟病。摩根被荷兰人救治，恢复后，依法律规定，理应被放归自然。但那时，救治它的水族馆声称，因不确定它的种属，摩根在鹦鹉公园内始终处于紧张的状态，因而拒绝放归。当海洋世界将它列为名下的资产之后，动物保护主义者纷纷站出来声讨，要求释放摩根，英格丽德·菲瑟博士生气地说："不能就此确定摩根的所有权已经移交给海洋世界。"过去4年中，她与"释放摩根基金会"一道合作，已在法庭上打过几场硬仗。她说："摩根是近20年来注入圈养鲸行业的第一滴新鲜血液，它对他们的价值要高于任何的现存圈养鲸。"据菲瑟博士所言，海洋世界已着手让摩根与凯托（即杀死亚历克西斯的那头雄鲸）配种，一旦生出后代，即为公司所有。"这恰好证明了他们为何如此急于拿到摩根的所有权。他们的目的并非救治摩根，而是想要它为公司配种。"与此同时，摩根在鹦鹉公园内的生活也并不平静，据菲瑟博士统计，仅仅7个月，摩根身上已添了320多道刺痕和咬痕。

我早已预料到，当海洋世界顶受不住美国国内的立法和舆论压力时，一定会向海外扩张。他们披着保护外衣牟利的理念自20世纪六七十年代以来从未变过，美国的观众已看透了他们"以教育促保护"、"激发动物保护意识"和"以人为本"的种种把戏，但没有经验的海外观众或许仍会买账。

有趣的是，尽管海洋世界已费尽心机为资本牟利，却仍受到股东们的批评。诉讼中，罗斯律师事务所指责海洋世界在向证券交易委员会提交的IPO注册材料中，没有明确地显示其"对虎鲸不适当的关怀和虐待"，并以提利库姆事件为例，指出公司"最终在IPO时引发不确定因素和重大的风险，严重影响了主要分馆的入园率。"诉讼还特别指出，公司否认《黑鲸》的种种指控，有"严重的错误陈述之嫌"。（截至本书写作之时，海洋世界仍拒绝对这一诉讼表态。）

　　如果海洋世界中真有一位远见卓识的领导，她或他就应认识到，股价的下跌正反映出市场的重大转变：潜在观众已对动物权利更为敏感。海洋世界如果能紧跟这一新时代精神的潮流，与时俱进，长期来看，定能牟利，说不定还能赢回公众信誉，因为所有的人都无法独立于社会之外。

　　当然，公开与海洋世界唱反调，也给我的个人生活带来很大困扰。有些为公司的训练方法站台的人是我非常崇敬的人，有的甚至是我曾经的朋友和粉丝。凯莉·弗莱厄蒂－克拉克曾经待我很好，虽因虎鲸的关系我们各站一方，但我心中依然十分崇敬她。她虽然忠于海洋世界，但多恩事件之后，她仍站出来在职安署的听询会上作证多恩并未违反任何规定或训练规程，她的证词恰恰和海洋世界请来的专家证人杰夫·安德鲁斯的证言相互矛盾。

　　当我决定站出来反对海洋世界时，最大的阻碍莫过于查克·汤普金斯。他是动物训练部总监，曾给予我事业上巨大支持，一想到与他为敌，我的心中便不禁生出背叛之感。我知道，他也爱鲸，每当鲸遇到任何麻烦，他十分乐意伸出援手。原来在得克萨斯分馆时，盛的双颌受伤，拒绝进食，

48 个小时未张开嘴，我和驯鲸师们非常担心，是查克最终想出了办法。他是人鲸关系专家，常劝诫我们不要小看虎鲸。当我站出来反对海洋世界，他虽已加入官方公关团队，但并没用恶毒的语言攻击我。

如果说上帝真的赋予了人类统治地球上所有动物的权力，那么我们应该时刻有身负重责之感，而不应滥用手中的权力去伤害动物或从它们身上牟利。围绕海洋世界虎鲸的未来之争，实际上只是人与这颗星球上其他动物关系伦理之争的一部分，正如著名的出镜记者、作家和动物保护主义者简·维莱斯·米切尔曾说的："这是 21 世纪社会正义的肇端。"

从最初的踌躇满志到最后的梦想破灭，我的人生和事业共经历了四个不同的阶段。一开始，是完全的天真，总以为所有与虎鲸相关的事自然都是美好的，因此正常与异常不分，良性与恶性不辨，只要与鲸靠近已然足够。然后，是第二个阶段，我以为海洋世界内无正确的事，可地位低微，心有余而力不足，但我依然爱鲸，爱工作，并且单纯地相信公司也是如此。直到有天，我意识到自己所有的相信都是一厢情愿，但那时我的心中依然怀抱希望。这时，我已明白公司其实并不在乎我或鲸，他们关心的只有钱。但我是资深的高级驯鲸师，相信自己能与所有的错误斗争，从内部改革一切，然而我最终没能做到。这本书就是关于第四个阶段：离开，把我与鲸的复杂关系抛诸脑后，忘却自己的本来身份。我一直自认为是一名驯鲸师，直到后来再不能这样认为。所有的驯鲸师可能都处于其中的某个阶段，我则处在最后一个——为自己的职业而自哀的阶段。

离开后，现在的我又处于哪个阶段呢？当开始这段生命旅程之时，我小心翼翼地不让自己贴上"激进分子"的标签，不想被认作极端动物权利活动者——海洋世界所厌恶的那类人。加入《黑鲸》制作团队之后，这种感觉日渐强烈。在电影推广的过程中，我们一直都努力避免电影被贴上"动保纪录片"的称号。诚然，动物保护主义者给了纪录片很多必要的援助。但如果被贴上这样的标签，则正中了海洋世界的下怀，给了他们攻击电影为"来自社会边缘的不可理喻的极端主义者的批评"的口实。海洋世界一直声称，这些人名为保护动物，实则不过是在伤害它们。

2013年7月，当我沉静地坐在"彪马实时秀"的演播室中接受采访时，因为"激进活动者等同于极端主义者"的简单逻辑，节目立即在我的前同事中引起一场不加考虑的哗然。他们纷纷指责我越界，说我已成为一名"激进的极端主义分子"。如果你曾听过他们谈论我的语气，一定会以为我是哪位参加过"9·11"事件的匪徒。

那么，我对自己是如何定位的呢？我以为自己并不是那种拿着扩音器奔走在街头巷尾的动物保护主义者，虽然我对他们并不排斥。我总以为自己是鲸——这群不能自己发声、为自己代言的动物的代表，因此，我充其量只是一个"倡导者"，要变革法律，改变人心，前路尚漫漫。

我曾经的两位同事，约翰·杰特与杰夫·维崔，已然完成从驯鲸师到动物科学家的转变，他们与两位从海洋世界离职的驯鲸师卡罗尔·雷和萨曼莎·柏格一道，创建了"虎鲸之声"网站，深度报道与揭露海洋公园行业的一切丑恶行径。我愿为此尽我的绵薄之力，为徘徊在职业生涯的十字路口、不知如何应对工作困惑的活跃驯兽师们提供咨询。我愿意成为他们的"倡导者"。

我曾多次接受过有关鲸的采访，所有答案几乎都是脱口而出，但有一个问题难住了我。这是在邮件中询问我在英国的故事的 13 个问题中的第 9 个。"如果那时你预料到现在发生的一切，还会那么做吗？"我思考了三个星期，才给出了一个明确的答复。

　　我爱鲸，我十分珍惜与鲸相处的这些年，如果不是这份职业，我也没有机会为曝光这一行业贡献力量，我也将永远无法以第一视角，去亲身证实鲸是如何聪明伟大，更无法意识到，对于它们在圈养环境下赖以生存、保持健康所需要的一切，我们的给予是多么不足。

　　如果只是简简单单地回答一个"不"字，无疑意味着放弃梦想、放弃鲸，因为这份记忆是无价的。但如果一个"不"就能将所有的鲸释放，让它们永不复圈养之苦，那么我愿意说出这个"不，我不会"。

　　我还时常遇到的一个难题是：你会怎么向崇拜你的、希望长大后变得和你一样的小粉丝们解释？他们还应该怀着这样的梦想吗？待他们成为驯鲸师后，又会怎样对那些同样心怀驯鲸师梦想的孩子们解释呢？

　　职业生涯的最后，我曾在得克萨斯分馆遇到一位小粉丝，她常和母亲一块儿来看我表演。小女孩和我儿时一样，总盼望看到虎鲸表演，然后跑到后台排着长队问一大堆问题。她梦想着迅速成为驯鲸师，母亲也很支持她的梦想。那年，她大约 11 岁，对梦想的执着总让我不由自主地想起小时候的自己。因此，我总会热心地给予她鼓励与建议。后来，我就成了她最爱的驯鲸师，她们常到虎鲸馆来，在我表演时给我拍照，我们之间开始了一段真挚的友谊。

离职后，我站到了海洋世界的对面。圣丹斯电影节首映式后，我非常担心她们会因此困惑，那年，她已 15 岁，已能够为进入驯鲸行业选择正确的教育，做课外志愿工作和训练。我拨通了她母亲的电话，询问是否能同她女儿对话。当她接过电话，我让她先提问。她脱口而出，语气俨然是一位向鲸倾注了全部感情的驯鲸师。"你怎么能离开塔卡拉？不会想她吗？你还会回到海洋世界吗？"

我直言不讳，告诉她我很想念塔卡拉，但已回不去。我说，我很幸运，能与鲸度过如此精彩的职业生涯。"我无权告知你或是其他任何孩子怀着和我当初一样的梦想是错误的，但我有责任告诉你我的故事，还有我所见证的一切，不论是好的或是坏的！"因此，如今我的任务是讲述真相，讲述传奇般的职业生涯中振奋人心的故事，也讲述公司对人与鲸压榨的可怕。

如果我一直倡导下去，直至目标，世界上会不会不再需要"驯鲸师"这一职业呢？我想最可能的答案是"不会"。即使海洋世界终止了繁殖计划，未来几十年内，因为有这些圈养环境中出生的鲸，驯鲸师的存在仍有必要。最近两年，海洋世界里又出生了几头鲸，卡莉娅就是其中之一。2013 年 7 月，卡莉娅 8 岁时，又通过人工授精的方式于 2014 年 12 月 2 日生下一头幼鲸。这些鲸仍需要人类的照顾，它们的生存环境也应比海洋世界更好。对那些鲸来说，我相信在这之后的几十年里，一定还会有像我那位困惑的小粉丝一样的孩子，他们会代替我成为驯鲸师。这些鲸需要人类的照顾，需要那些为了它们站出来、勇敢抗争的人。

我大部分的人生都与水有关，不过自从我从公司离职，站出来公开反对海洋世界之后，我的生活从此步入一片煎熬的火海。为鲸代言，成为争议的中心，凡此种种，使我的信仰发生了转变，我能感到自己的整个身心都被这场转变净化。我不愿自己到垂暮之年时，还抱着未来得及说出的遗憾老去。作为一名驯鲸师，我知道的太多，我心中早已充满了对海洋世界理念的困惑，我必须要说出真相，这是我欠虎鲸的。

只是很遗憾，我能为它们做的只有这么多，为这些我深爱的，曾一起共游、一起合作的鲸。也许随着时光的变迁，在我们的努力推进下，它们的生活会日渐美好，但人类对它们的压榨与剥削却仍会持续。

在我看来，这种压榨与剥削会在塔卡拉身上持续。它永远也不会知道自由是什么感觉，也正因此，我心里的某个角落也将永远不会释怀。

后记 1　　离开塔卡拉后的日子

我的生活一直都有一个解不开的矛盾：尽管爱动物，却不能养一只来陪伴自己。多年漂泊不定的生活和在海洋世界每天长时间的工作，让我难以养一只宠物。我不能每天把一只狗关在家里12或14个小时，那样太过残忍。

　　除这些外，不养宠物，还出于自己感情与情绪的原因——我不愿失去它们。我在书中提到过，当年去法国前，因要离开卡萨特卡和其他鲸，我哭得撕心裂肺；后来要离开海洋世界，我又因再不能见塔卡拉而哀痛悲伤。因此，每当想到要带一只动物回家，我心里总会忍不住犹豫和焦虑。猫和狗的生命都是有限的，我不忍在它们已成为我的家人和生活的一部分后，再眼睁睁地送别它们。

　　直到贝奥武夫（Beowulf）的出现，改变了这一切。

　　记不得是2009还是2010年，那年，我正和一位在美国海军中任职的男人交往。他的家中住着4个军队的同伴，其中之一便是汤姆。汤姆有一只斗牛犬和达尔玛西亚犬的混血小狗，名为"贝奥武夫"。没错，与斯堪的纳维亚神话中的传奇英雄同名。不过贝奥武夫并非雄性，而是一位不折不扣的"小姑娘"。

我第一次见到它，是在加利福尼亚州蒙特利市它主人与朋友们的家里。汤姆很爱它。当它日渐长大后，开始变得狂暴，常与其他狗打架，给主人惹麻烦。一天，汤姆带它去跑步，尽管脖子上带着一只止吠项圈，但它仍朝着一位骑自行车的男人狂吠不止。它冲上去，把那个人从车上撞了下来，咬住他的大腿。尽管项圈被一遍遍调高，调到最高位10，但它依然咬住那人不放，最后是汤姆把它抓走了。虽然很爱它，可汤姆也担忧背上医疗和法律责任，而且他也不知道怎样止住它越来越厉害的攻击习性。无奈之下，他决定为它安乐死。

听闻汤姆的打算后，尽管对贝奥武夫一点儿也不了解，但我心里却对杀死一只狗的做法十分厌恶。因此，我请求汤姆让我把它带到得克萨斯，训练3个月，把它爱发狂的毛病治好，待它能学会控制自身后，再带回。汤姆答应了，把它送上飞机，寄给了我。

三个月后，汤姆打来电话，我却不知该如何回应，因为我已爱上它了，生怕他会把它要回去。因此，当汤姆询问我是否能喂养它时，我心中如释重负。怎么说，我对危险动物有一种说不出的迷恋，贝奥武夫与我简直是天生一对。

贝奥武夫一直爱攻击人，我要训练它不对特定的动物和人发狂。但首先，我需训练它一个一个地适应。如果不慢慢训练它适应你的出现，它一定会冲过来。它不是善类，所以只能让它远离人群，只和我出门。我也无法离家太久，因为其他人都无法靠近给它喂食，除非是那些我训练过它去接受的人。因此，出远门时，我都会带着它，我们一起到过加利福尼亚、得克萨斯，现在又住在纽约。总之，我去哪儿，它也跟着去哪儿，我们永远不会分离。

贝奥武夫爱水。它常在水中一游就是几个小时，或是迅速地钻进水底，取回我们给它扔的球、棍子或其他玩的东西。它是另一只占据了我全部生命的危险动物。

和鲸相似，动物攻击人并不意味着它们本性邪恶，只是说明它们性情复杂。贝奥武夫打开我心扉的关键，是它确实让人难应对，但它允许我靠近，允许我走进它心里，一如当年塔卡拉、卡萨特卡以及其他鲸一样。

贝奥武夫（2013 年）
[来源：约翰·哈格罗夫]

255

后记 2　　那些虎鲸最后的日子

"耶和华啊，你所造的何其多！那里有海，又大又广，其中有无数的动物……还有你造的鲸鱼，在嬉戏畅游。"

——《旧约诗篇》第 104 章

我最后一次更新这本书的时候，刚刚看到野生的虎鲸在太平洋里嬉戏遨游——这是我头一次见到野生虎鲸。对我来说，眼前的画面既震撼又令人感动。我和海洋世界艰难相争了数月数年，在联邦政府面前以专家的身份作证、支持加州签署这一历史性的法案，为了向全世界揭露被海洋世界囚禁的鲸鱼的真实状况，我做了一切努力。

海洋世界坚称，园区中的鲸和野生虎鲸的寿命一样长，能轻松地活到 50~80 岁，甚至有些还能活到 100 岁。

然而，2015 年 12 月，乌娜死于不可控的念珠菌真菌感染和系统性细菌感染，年仅 18 岁。2017 年 1 月，提利库姆去世，终年 35 岁。2017 年 8 月，卡萨特卡——我挚爱的塔卡拉的母亲——死于 40 岁。而它的孙女、塔卡拉的幼崽伽罗（Kyara），出生仅 3 个月就因感染和肺炎而亡。在我们赢取立法胜利前，塔卡拉就已经怀上了伽罗，而今繁育项目已被明令禁止。

提利库姆曾数次濒死。它因《黑鲸》而恶名远扬，因此，海洋世界也无法忽视它的死亡。官方给出的死因是肺炎，但疾病无法掩盖它在监禁生活中长年遭受的精神虐待，这也是它性情暴虐、屡屡伤人的真实原因。肺炎是其直接死因，但提利库姆的真正死因，得回溯到它被捕的那天，自此，它被迫生活在狭窄的空间里，屈服、受辱于海洋世界的强制性人工授精项目。

卡萨特卡成为海洋世界史上第一只、也是唯一一只被安乐死的虎鲸。公司宣称，这是出于人道主义的考虑，但实际上，这只是对它长期漠视导致的恶果——这一点，海洋世界是拒不承认的。在生命的最后几个月，卡萨特卡脸上、身体上和生殖器上都有大面积的细菌和真菌创面，在我的努力下，媒体成功报道了它的现状。然而海洋世界为了隐瞒它的真实样貌，拒绝让记者探视它，且驳斥了我的言论，说它状况良好，它看上去经受了一些病痛，但那只不过是长期治疗肺部感染的副作用罢了。"有可能是抗生素所导致的皮肤外貌变化"，公司的一份声明称。但我知道的更多，我曾在三家不同的虎鲸公园工作，在我的职业生涯中，我从未见过哪种抗生素会导致皮肤变化，也从未见过像卡萨特卡皮肤上的这种让人不忍直视的状况。

我是知道卡萨特卡的肺部问题的。在我还是海洋世界一名高级驯鲸师时，它就已经得病了，直到我 2012 年 8 月辞职，它依然饱受肺病困扰。2008 年，它开始接受治疗。海洋世界的公关声明其实是一招错棋，我可以证实，尽管它有肺病、每天都在吃药，但海洋世界仍然在 2011 年对它实行了强制性人工授精，迫使它怀孕 17~18 个月，让这头身处病痛的鲸又经受了一段难忍的妊娠期。要说是什么摧毁了卡萨特卡仅存的免疫力，让其暴露在细菌和感染之下，那也只能是它所谓的"照料方"做出的残暴决定。卡萨特卡是我曾有幸共事过的虎鲸里最优秀、最具领袖气质的一头鲸，对这样一头鲸来说，它最终接受的是一种凄惨的死亡方式。

海洋世界一贯忽视政府的明令要求，但当前的一项诉讼会迫使其交出提利库姆、卡萨特卡和伽罗的验尸报告及临床病史等信息，这些鲸在 2017 年的 7 个月内相继死亡。

截至 2018 年 9 月，海洋世界拥有过 68 头虎鲸，其中 40 头死亡——统计数据还不包括死胎和流产幼鲸在内。这就是说，该公司拥有的虎鲸中，有 60% 已经死亡了，且全部死于疾病和伤害，无一自然死亡。

这些鲸重回大海这片庇护所的时光和机会正在流逝，它们在海洋里遨游的生活，绝不是它们现在的生活状况可以相比的。不论最终结局如何，这些鲸的生命都在消逝。虎鲸的生命，在被捕或出生于囚笼中的那天，就被那些本无权这样做的人偷走了。这些人，理应被问责。

数十年来，海洋世界都通过恐吓和封口令，逼迫驯养师三缄其口，时至今日依然如是。我曾有亲身体会，我知道，只要我辞职后大声疾呼，海洋世界就会穷追不舍，动用一切力量阻止我说出这一鲜为人知的行业机密。

我知道，我的检举和告发会被他们视作背叛，而他们将会怀恨在心，意图报复。但如今，我曾经的职业让我背负了对所有鲸的责任。令人讽刺的是，在这个邪教般的环境中经年累月的工作，我既被他们塑造成海洋世界中一名理想的虎鲸驯养师，我也最终拥有了绝佳的意志，能够抵受住他们无休止的攻击。

海洋世界压制发声的行径：

- 我多次收到法律意义上的恐吓信。

- 他们威胁我的美国出版商，如果出版商继续出版进程，他们就会签署一份禁令来阻止本书出版。

- 庭审笔录显示，他们在纽约市雇用了私家侦探跟踪我，甚至跟到了我的公寓，还跟踪了我在其他州以及欧洲的出行。

- 他们试图让法官强迫我交出我的全部个人电子邮件帐户。

- 我在加利福尼亚与议员们进行了长达 7 个小时的会谈，其间议员试图强迫我回答与案件无关且带有攻击性的私人问题，海洋世界则利用法庭指令让我回纽约市。

- 我进行了数次宣誓作证，历次审问都长达 7 个小时（这已经是法律允许的上限了），实在令人精疲力竭。

- 庭审笔录显示，联邦政府律师在呈给法官的报告中揭露道，海洋世界所请的律师承认，他们之前在我身上所使用的策略只是他们"Hargrove 全面作战计划"的一部分。

John Hargrove

2018 年 9 月

致谢

我来自一个对动物的怜悯持有两种极端态度的家庭。一个极端是我的一个亲戚，他对动物十分残忍，曾经亲手杀死了自己的宠物狗，只因为他说他想知道这是种什么感觉。而另一个极端，则是我的姐姐，哈格罗夫小姐。她和我一样，对所有的动物都怀有爱意与怜悯。她一直养宠物，而且心地善良，要是蛇被困在篱笆里，即便对蛇害怕得要命，她也会前去解救。下雨时，有蜻蜓因为翅膀湿透无法飞行而被困在雨中，她会将它们捡起来，冲它们吹气，直到它们被吹干能够飞走为止。姐姐，要是没有你，我会在哪儿呢？尽管我们童年不在一起度过，彼此相距很远，但我们却一直亲密无间，互相扶持，一同度过风风雨雨。你对动物的包容和仁慈鼓舞了我。我很骄傲能够拥有你这样的姐姐，我爱你至深！

昆廷·伊莱亚斯——

　　我的最爱。我们在巴黎和法国南

部一起度过的日子就像故事书里写的那样美好。那时候我们都是二十八九岁的年纪，无可匹敌，拥有一切。然而好景不长，你于 2014 年在纽约不幸去世，年仅 38 岁。你的逝世一直萦绕在我的心头。你曾经让我永远不要离开你，我也从未离开过你。我到家之时会去看你的。

我的出版商，麦克米伦出版社——

　　我想对负责出版此书的几位出版社成员，伊丽莎白·戴斯嘉德、凯伦·沃尔尼、劳伦·洛平托、克里斯汀·卡塔里诺、劳拉·阿珀森，以及米歇尔·菲茨杰拉德表达谢意。感谢你们信任我、信任我与虎鲸的故事，感谢你们相信人们需要聆听我的故事以做出改变。你们都对我十分真诚友好。我很骄傲，也很幸运，能够由你们将我的故事带给大众。

我的出版经纪人，法利·蔡斯——

　　第一次在你位于曼哈顿的办公室见面时，我向你叙述了我的经历和憧憬，而你仅仅听了十分钟，就完全理解了我。感谢你自始至终的辛勤工作，感谢你完全相信我的故事需要被讲述。

我的合作者，霍华德·卓恩——

　　我和你是十多年的好朋友，你也是第一个极力劝说我去撰写这本书的人。感谢你用你的才能帮助我，使这本书的完成成为可能。霍华德对彭博商业周刊的乔什·泰兰吉尔和艾伦·波洛克表达感激，感谢他们给他时间完成此书。他同样还要感谢菲尔·彼尔德纳的建议，感谢丹·马修斯的支持，感谢布雷特·加勒特的咖啡。

我的律师肖恩·史蒂文森和哈根斯·伯曼律师事务所——

在海洋世界威胁说要阻止此书的出版时，感谢你们维护了我的权益，确保我能够讲述我的生活和经历。

汤姆·威尔拉和约翰·拉芬——

你们是我认识的最坚强的人。我钦佩于你们的应变能力，你们在军队中取得的成就也让我非常崇敬。你们是真正的榜样。我们迅速又容易地建立了真正的友情。你们在纽约对《黑鲸》周末首映的支持对我个人来说意义非凡。汤姆，祝贺你娶到了美丽的妻子，克里斯汀娜，感谢你送给我"最棒的礼物"。

丽萨·吉森斯基——

我和你是认识了二十几年的好朋友，而你有勇气支持我，这就说明了一切。我爱你。

所有仍在海洋世界工作并且支持我的朋友和前同事们——

在我失去了前同事的友情之后，你们的支持对我来说意味着全部。我们辨明了是非，了解到这儿究竟发生了什么。我理解你们需要保护自己，因为害怕被管理层责罚而保持沉默。每个人都有自己的旅程，请保证自己的安全。我爱你们。

大卫·塞佩——

我们已经有十多年的交情了。我们在2003年和2014年由于同一个人而相见，但2014年这一次却是因悲剧而相聚。过去的岁月不再有！

瑞恩·巴克利——

拥有你是美国有线电视新闻网的幸运。能够拥有永远的阳光先生，谁又会不幸运呢？每个人都爱你。感谢你支持我，感谢你一直都是我的好朋友。

查德·阿伦·拉扎里——

二十年的朋友。我因你伟大的成就和你的为人而感到无比的骄傲，我因我们的友情而骄傲。你对我来说是最重要的人之一。献上我所有的爱给你，以及你的妈妈和祖母。

约瑟夫·卡普施——

我从未像在洛杉矶参加派对时笑得那么疯狂、过得那么快乐。我们是怎么在状况百出时活下来的？而且还是以那种最佳的幽默方式挺过来的。你真是我最好的朋友之一……"这灯光让我们疯狂！"

马克·夏皮拉——

你是我最好的朋友之一。你总是支持着我，我们在洛杉矶（和纽约）一起度过了最疯狂的日子。爱你，马克。

约翰·阿奇利——

　　作为我认识超过十三年的朋友，你对我慷慨、忠诚，一直支持着我。感谢你为我做的一切。

布鲁斯·马丁——

　　我十八岁时离家出走，身无分文。我很幸运，能够在命运和直觉的引导下在正确的时间遇到正确的人。你意图纯粹，在我最需要的时候提供给我安全和指导。你对我来说永远是特别的存在。

职业安全和健康署以及拉腊·帕吉特——

　　感谢你们确保雇主能够提供安全健康的工作场所。几十年来，虎鲸场馆都有严重的安全问题。没有工会保护我们，也没人确保我们身为雇员的权利。但由于你们的坚持不懈，我们不再是孤身奋战了。

致在我因虎鲸受伤的几年间为我提供治疗的所有医生与专家——

　　致六位骨科医生：很抱歉我当时没有准备接受你们让我结束驯鲸师生涯的建议。感谢那位为我注射所有可能起效的科学药剂的医生，让我能多出三年与鲸相处，从而让我有足够的时间去做出停止驯鲸师生涯的让步。感谢为我治疗的杰出的纽约鼻窦外科医生、疼痛管理专家、基层医生，以及诊断出我脚部骨折并让我手术（虽然我一直在推迟手术时间）的足科医生。感谢无数次将我的后背与脖子正位的正骨医生，感谢曼哈顿运动医疗小组。

艾瑞克·巴尔弗和艾琳·夏木伦——

当我们为此问题与加州众议员商讨时，你们与我们同在，你们的热情和知识都对我们有很大的帮助。你们非常棒，我很享受和你们在一起的时光。

致在加州众议院颁布《虎鲸福利安全法案》之前支持我们的所有人，包括来加州首府萨克拉门托旅游的科特勒一家——

他们让成百上千的无法在室内就座的人从走廊涌入时，我就在一旁看着。你们从加州各地、其他州、甚至是其他国家奔赴而来，只为了能拥有十秒钟通过那个麦克风来表达你们的支持。在那一时刻，我既感到谦卑，又深受鼓舞，我知道我做出的决定是正确的。谢谢你们。

民主党派众议员理查德·布鲁姆及其工作人员——

感谢你们提出具有历史意义的AB2140议案，即《虎鲸福利安全法案》。

纽约州共和党派参议员格雷格·鲍尔和共和党派众议员詹姆斯·特迪斯科——

感谢你们在纽约州提出类似的法案——《黑鲸法案》。

霍华德·加内特、内奥米·罗丝博士、黛博拉·贾尔斯博士、洛丽·马里诺博士以及英格丽德·菲瑟博士——

你们的知识、经验和研究让我们所有人了解了虎鲸在野外真实自由的生活。谢谢你们对我这本书做出的贡献。

加布里埃拉·考珀思韦特——

　　我知道你是出于好意制作了《黑鲸》这部电影，并将这个长期存在的争论推到主流意识的中心。感谢你和你的制片人曼尼·奥泰萨关注这个问题，感谢你们关注我。感谢你一直在道德上正确地对待我，并保护了我的匿名身份。

蒂姆·齐默尔曼和伊丽莎白·巴特——

　　感谢你们在高度坚守住记者职业道德的同时能够孜孜不倦地为提高公众意识所做出的贡献。

圈养鲸类数据库——

　　感谢你们对圈养虎鲸的珍贵真实资料及数据所做出的贡献。

致以下爱我、支持我的家人们——

　　瑞奇·哈格罗夫和波林·哈格罗夫，珍妮·亚历山大和布鲁斯·亚历山大，艾普丽·金、特里·金及其家人，杰克·廷德尔、达琳·廷德尔，他们的孩子杰克、特雷西及其家人，林恩·布莱金、琳达·布莱金、他们的孩子及其家人，杰米·布莱金－赛蒙，以及她的家人。

我已经去世的祖父母沃尔特·布莱金及梅尔·布莱金——

　　感受到你们无条件的爱的力量，知道你们会一直保护你的家人，这种强烈的感受我一直记得。能有你们这样的家人是我们的幸福，我们会永远爱并想念你们。

达琳·廷德尔（茜茜姑妈）和特雷西·廷德尔 – 格林——

在我的驯鲸师生涯以及更为重要的现在，你们给了我莫大的支持。你们知道在我长大的过程中我有多爱你们、有多想和你们在一起。我知道我是被爱着且安全的。谢谢你们给我爱和安全感，我爱你们。

艾普丽·哈格罗夫 – 金——

你对我来说，与其说是表亲，不如说是亲姐妹。在疯狂的那几年，你一直陪在我身边，因此，我十分爱你。在参加《黑鲸》的纽约首映礼时，你是我最完美的女伴。首映礼之前在康尼岛的那天是多么的美好啊！

我还想要感谢以下的朋友们，他们一直支持着我——

克里斯汀娜·弗里德曼、拉娜·西蒙、弗兰克·圣蒂斯雅里奥、维罗妮卡·罗斯曼宁、亚力克斯·卡普托、赫兹·伊姆巴、蒂姆·弗里斯、戴夫·伦登、达瑞尔·科伦、马科斯·普罗、凯丽·卡尔金、谢丽尔·赛斯尔、马修·沃克、蒂姆·布洛克、托尼、马里恩、卓尔·克莱皮克、胡安·卡洛斯·古铁雷斯、罗恩·林奇、米歇尔·吉洛、兰迪·穆斯格罗夫、金·克莱蒙斯、詹妮弗·帕克赫斯特以及她的漂亮儿子印第。

艾利克斯·布鲁勒及格雷格·布鲁勒（2009 年 10 月在事故中丧生。

当时他们骑着双人自行车，一名男子驾车冲上路肩，以 70 英里每小时的速度撞上了他们）；他们留下的一名七岁女儿，凯丽——

艾利克斯和我从前是加州海洋世界的训练员，她的丈夫格雷格则是在动物护理中心工作。我爱你们、想念你们。

前训练员卡罗尔·雷、山姆·博格、约翰·杰特博士、杰夫·文特尔博士以及迪恩·戈默索尔——

我们于不同时间在不同的海洋世界工作，但我们从过去到现在的类似经历使我们永远相连。你们非常棒，为了提高公众意识做出了很多贡献。我们的统一战线，最为强大。我们的经历涵盖了从 1982 年到 2012 年的每一个海洋世界，这对于海洋世界来说，想要胜过我们，是很具有挑战性的。

致我自己的兄弟姐妹——

利诺拉·哈格罗夫、希拉·哈格罗夫，还有艾希丽·哈格罗夫以及马特·哈格罗夫，以及他们的家人——我爱你们。

我的父亲，史蒂夫·哈格罗夫和他的妻子艾尔希——

二十多年已经过去了，今天是时候画上句号了。由于只有你知我知的原因，感谢你的支持，感谢你们自从 2010 年以来为我做的一切。

我的母亲，安妮·布莱金－马修斯——

当我还是个小男孩时，谢谢你对我的爱，谢谢你给了我一个快乐的童年。我选择去记住小男孩最爱他母亲的那几年。

贝奥武夫——

我的狗，也是我最好的朋友。不论在我最好还是最糟的时候，你都注视着我，爱着我。我们一起在加州、得州和纽约生活过。我从前是驯鲸师，以及现在不再是驯鲸师时，你都陪伴在我身边。在我因《黑鲸》参加电影节和宣传回到纽约的时候，你默默忍受着住宾馆的不适。我写这本书的每时每刻，你都陪在我身边。我过去可能拯救过你的性命，但你也确确实实拯救了我。你是我"最好的礼物"。

BENEATH THE SURFACE by John Hargrove and Howard Chua-Eoan

Copyright © 2015 by John Hargrove

Simplified Chinese edition Copyright © 2019 by Huazhong University of Science and Technology Press Co, Ltd.

Published inagreement with Chase Literary Agency, through The Grayhawk Agency.

本书由北京东西时代数字科技有限公司提供中文简体字版授权。

图书在版编目（CIP）数据

深海之下：虎鲸，海洋世界以及黑鲸背后的真相/(美)约翰·哈格罗夫 (John Hargrove), (美)霍华德·卓恩 (Howard Chua-Eoan) 著；冷全宝译.—武汉：华中科技大学出版社，2019.1

ISBN 978-7-5680-4819-4

Ⅰ.①深… Ⅱ.①约… ②霍… ③冷… Ⅲ.①人－关系－鲸－普及读物 Ⅳ.① Q958.12-49 ② Q959.841-49

中国版本图书馆 CIP 数据核字 (2018) 第 277379 号

深海之下：虎鲸，海洋世界以及黑鲸背后的真相 ［美］约翰·哈格罗夫 著
Shenhai Zhixia: Hujing, Haiyang Shijie Yiji Heijing Beihou de Zhenxiang ［美］霍华德·卓恩
冷全宝 译

策划编辑：陈心玉
责任编辑：肖诗言
封面设计：璞 间
责任校对：张会军
责任监印：朱 玢`
出版发行：华中科技大学出版社（中国·武汉） 电话：(027)81321913
武汉市东湖新技术开发区华工科技园 邮编：430223
录 排：华中科技大学惠友文印中心
印 刷：湖北新华印务有限公司
开 本：880mm×1230mm 1/32
印 张：9.75
字 数：203 千字
版 次：2019 年 1 月第 1 版第 1 次印刷
定 价：56.00 元